惯性带你飞

THE MAGIC OF MOMENTUM

Master Life's Most Powerful
Force and
Discover Your Potential

[美] 斯蒂芬·盖斯 著
Stephen Guise

楚祎楠 译

花城出版社
中国·广州

图书在版编目（CIP）数据

惯性带你飞 / (美) 斯蒂芬·盖斯著；楚祎楠译.
广州：花城出版社, 2025. 2. -- ISBN 978-7-5749
-0123-0

Ⅰ. B848.4-49

中国国家版本馆CIP数据核字第2024DK2290号

Copyright©2022 Selective Entertainment LLC
Simplified Chinese translation rights arranged with Selective Entertainment LLC through TLL Literary Agency
本书中文简体版版权归属于银杏树下（北京）图书有限责任公司。

著作权合同登记号：图字：19-2023-344

出 版 人：张　懿
出版统筹：吴兴元
编辑统筹：王　頔
责任编辑：郑秋清
特约编辑：刘昱含
责任校对：李道学
技术编辑：凌春梅　张　新
装帧设计：墨白空间
封面设计：柒拾叁号

书　　名	惯性带你飞 GUANXING DAI NI FEI
出　　版	花城出版社 （广州市环市东路水荫路11号）
发　　行	后浪出版咨询（北京）有限责任公司
经　　销	全国新华书店
印　　刷	小森印刷（天津）有限公司 （天津宝坻节能环保工业区宝富道20号Z2号）
开　　本	889毫米×1194毫米　32开
印　　张	8　3插页
字　　数	160,000字
版　　次	2025年2月第1版　2025年2月第1次印刷
定　　价	38.00元

后浪出版咨询(北京)有限责任公司　版权所有，侵权必究
投诉信箱：editor@hinabook.com　　fawu@hinabook.com
未经许可，不得以任何方式复制或者抄袭本书部分或全部内容
本书若有印、装质量问题，请与本公司联系调换，电话：010-64072833

目录

本书结构　01
序　我为什么要写这本书　03
引言　动量是不公平的　11

第一部分　行为动量的四个原理　1

第一章　动量的魔力　3

向超高速恒星许愿　5
给动量一张白纸　7

第二章　原理1：你最有可能继续做你刚才在做的事（短期动量）　9

为什么要谈动量而非运动　10
我们为什么会坚持看完一部糟糕的电影　12
行为动量原理1的核心内容　13
改变方向，改变生活　16

先确定方向的意义　17

第三章　原理 2：持续的行动会消灭阻力（长期动量）　21

西蓝花和海洛因的不公平战役　25

行为回报结构和大脑　26

熟悉感的力量　28

熟悉事物的欺骗效果　29

熟悉感也能创造更好的生活　33

第四章　原理 3：体感动量不是真正的动量（关于速度的误区）　37

速度思维　39

以速度衡量的目标的优势　40

以速度衡量的目标的关键缺陷　41

早上好，你的动量状态是……　43

体感（假）动量　44

安慰剂效应（动量版）　46

结果带来的信心 vs 过程中获得的信心　47

球员命中率之差　49

被结果支配的愚蠢之处　51

如何取得接近 100% 的成功率　52

体感动量并非一无是处　53

为什么大多数目标是反动量的　54

原地踏步困境的考验　57

科技是罪魁祸首吗　61

每天创造动量　62

第五章　原理 4：你的一切行动
　　　　　都会造成指数式的连锁反应　65

业余棋手和大师的区别　66

神秘的涟漪　68

动量的连锁反应　69

微小开端带来的负面结果　75

微小开端带来的积极结果　76

恋爱也是如此　77

攀爬堤坝的启示　78

精益求精的良性循环　80

第六章　环境、努力和动量　83

环境也可以让成功变得更容易　85

无法搬动的石头　86

改变你的环境　88

节省精力的被动效率系统　93

为什么被动式系统最有利于提高效率　94

磁铁生活管理系统（MLMS）　98

动量胜过努力　105

动量可以改造努力　110

第二部分　操纵动量　117

第七章　操纵 vs 控制　119

要操纵，不要控制　121

第八章　逆转负向动量　125

短期动量的逆转　127

长期动量和脑图　128

正确替代物的魔力　130

逆转负向动量案例：酗酒　131

逆转负向动量案例：赌瘾　141

逆转负向动量案例：焦虑　146

逆转负向动量案例：超重　151

对负向动量的总结 153

第九章　即刻创造正向动量（短期解决方案） 155

承诺的关键 157
倾斜的力量与失衡点 158
"当然，为什么不呢？" 158
倾斜的极端重要性 160
心态策略 161
用厨房计时器摆脱压迫感 167
和自己讨价还价 171
"七秒火花"情绪管理策略 174

第十章　保持人生正向动量（长期解决方案） 185

创造可以产生动量的意图：短期具体，长期灵活 186
可调节的劳逸结合：为什么有时你需要停下来 193
随时间推移的力量：拥有微习惯才能笑到最后 196
动量和力量：所见并不总即所得 203

总结　击败阻力的不二法门 206
斯蒂芬其他著作 217
注释 219

本书结构

序

序言解释了这本书存在的原因,还谈到了为什么我们需要的是去"发现"自己的潜能,而不是去"获得"它。

引言

引言为接下来讲解"动量(momentum)的四个原理"做好了准备。它解释了为什么动量是不公平的,并谈到了物理学上的动量和人类行为习惯中的动量的区别。

第一部分

第一部分包括六个章节，介绍了动量的概念以及它的魔力。我将全面剖析动量在人类生活中意味着什么，以及同样重要的，它不代表什么。你会发现自己的潜能比看上去要大得多，而这要归功于动量，因为它是改变或改善你生活的最强大的力量。你将了解动量会如何给你带来呈指数式增长的成功。与之相比，其他大多数方法仅能带来线性的、自我限制式的成功。

第二部分

在读完第一部分后，你会急切地想要体验动量的魔力。本书第二部分的四个章节会提供实用、易上手的方法来帮助你掌握这种强大的力量，并会提供有效的视角，帮你进入一种"动量第一"的思维模式中。

在整本书中，我用加粗字体标出了一些"金句"。这些是我建议你记住的特别重要的观点。

开启你的旅程吧。

序　我为什么要写这本书

动量时刻影响着我们的生活。它是看不见的，而且很容易被我们忽略：当负向动量对我们的生活造成打击时，我们通常会将这种现象归咎于其他因素；当正向动量让我们的形势一片大好时，我们也会将这种现象归功于其他事物。

在你创造、打破或维持动量的过程中，你的动力、意志力、习惯和努力都发挥着作用，但没有任何一个因素比动量本身更重要，甚至连具体习惯也没有那么重要。一旦你从动量的视角出发来审视自己的行为——不只是你的习惯，而是你的全部行为——你的表现自然会发生改变。

我写这本书的原因有 4 个：

1. 我认为，动量是人类生活中最强大的力量，比关于个人成长的其他任何概念都强大。无论是在短期还是长期内,它都是塑造我们生活的重要力量。动量是神奇的,因为它的力量是反直觉的,而它的重要性是无法被量化或彻底理解的。

2. 自助和个人成长领域的许多作者都没有注意到动量这个因素。他们即使提到动量的概念,也对它进行了错误描述和过度简化。在某种程度上说,这是因为我们在日常谈话中随意使用的"势头"——"动量"的同义词——让我们意识不到它对我们生活的严肃意义。

3. 由于动量与时间之间存在关联,这个概念其实比表面看来复杂得多。你的行为动量可能比表面看更强或更弱,时间会揭示真相。

4. 对动量作用的忽视会带给你消极影响,因为这会阻止你解决根本问题,反而让你将自己的注意力放在那些"表面症状"上。

关于动量,有很多内容可以讨论。就让我们从潜能开始吧。你认为从整体上看和在具体领域,你的天花板有多高?我几乎可以肯定,它必然比你想象中高。

发现你的潜能意味着什么

潜能并不是我们每个人都拥有的一个数字，也不是单一、固定的。相反，潜能代表的是在正确运用自己能力的前提下，你在特定的领域可以取得什么样的成就。虽然普遍的观点认为，潜能是对遥远但可实现的未来的预测，但在现实中，只有在我们马上就要发挥潜能实现某些目标时，我们才会意识到它的存在。

发觉潜能的过程就像在浓雾中开车一样。你或许偶尔可以从正确的角度或参考可见的其他事物看到较远处，准确地猜到那里有什么在等着你，但在大部分时间里，你只能看到前方一两步远的地方。

谁最有可能看到自己成为一个亿万富翁的潜能？是千万富翁。因为他们是最接近这种层次的成功的人。那些连百万资产都尚未拥有的人自然不会考虑自己是否有成为亿万富翁的潜能，因为在他们的现状和亿万富翁的目标之间有太多需要翻越的大山。然而，很多亿万富翁都是从连百万资产都没有的时候走到今天的。在稳稳地走上朝亿万富翁进发的道路之前，那些有潜能成为亿万富翁的人也很难看到自己在这方面的潜能。

也许这就是生活的本质。我们曾经看不到我们的潜能有多大，直到我们距离目标只有明确的几步之遥的时候。

当然，有些人即使政治学考试成绩是 C，净资产为负数，依然会大胆宣称自己有机会成为总统或亿万富翁，但这样的人并不多见。坦率地说，他们对自己的认知全凭想象。他们的雄心壮志从统计学和可行性角度看是不合理的。

从统计学角度看，成为总统或亿万富翁的概率大约是几亿分之一。但如果你已经是一名参议员了，你总统梦成真的概率可能飙升到一千分之一。[1] 这就是为什么我们会嘲笑一个梦想当总统的孩子，但会认真看待一名参议员同样的豪言壮语。因为二者中的一个已经证明了自己具备政治潜能，而且离梦想中的最高目标不远了。

从可行性角度看，在没有完成前面的必要步骤时，瞄准总统或亿万富翁的目标是没有意义的。想赚到 10 亿美元，你必须先赚到 1 亿美元；在这之前，是 100 万美元；在更前面，是 10 万美元。至于你最终会止步于怎样的高度，这取决于太多因素，无法计算。而一个特别的因素是，随着你赚的钱越来越多，你赚更多钱的潜能也会提升。

我并不是想戳破任何人的梦想或告诉你哪些事是你做不到的。我想表达的是，发掘自己的潜能这件事是一个渐进的过程。

潜能不仅指出了你能达到怎样的高度，还意味着你证明了自己能做到什么和借助哪些工具做到。对赚到（或管理）100 万美元的能力的证明，远比拥有 100 万美元的事实更有价值，因为钱是会消失的。它可能被偷，被花掉，或者被疾病耗尽。某拳王靠拳击赚了 3 亿美元，最终却因为不擅长财务管理而破产了。另一些人也许只能赚到微薄的薪水，但因为擅长理财，最终获得了财务自由。

这个适用于仕途和财务的道理也适用于生活的方方面面：比起任何既定结果，"成就"这个概念更多与你能成为什么样的人、能利用哪些工具相关。

你的潜能上限被隐藏了

如果你认为你的全部潜能就是你此刻在此处感知到的，那么你就低估了自己。你如果不行动，就不会知道自己潜能的上限在哪里。这是因为生活中的大多数领域充满了呈指数式增长的动量。

健身一开始很难，但一旦你把它变成习惯，并使身材得到了改善，它反而会成为让你难以放弃的乐事。从讨厌运动到渴望运动的变化是一种呈指数式增长的变化，会使你在这一领域的潜能得到极大的提升。在长期投资过程中，复利会让你的财富大幅增长（反过来看，贷款的复利则可能让你苦不堪言）。随着你在事业上的进步，你的职业生涯和机会可能扩展到其他领域。例如，一名著名运动员不需要任何演技就可以获得一个电影角色。每当你达到一个新高度后，你都会看到自己潜能的更多层面。

我接下来会以一个清晰的例子说明人的进步是如何呈指数式增长的，以及在这种情况下你的潜能是如何被隐藏的。思考一下不同的财富水平会如何给人带来更多机会。下面列出的并不是一份详尽的清单，只是一些关于财富好处的狭隘观点，但它会告诉你，财富的层层提升如何帮助你看到新机会，促使你朝新的领域发展。

1. 食宿无忧：财富水平到达这一层后，你就不会再担心交不起房租和吃不饱饭了。这种水平的财富会解除你的压力，让你专注更高层次的目标。如果你没有达到这个层次，你可能无暇顾及那些目标。
2. 拥有医疗保障：能够获得并负担基本和紧急医疗服务，是生活水平的一次巨大提升。这将改善你的健康和生活质量。如果你能在早期发现疾病，你的生命甚至会得到挽救。
3. 享有高品质生活：按摩、水疗和心理医生可以确保你的心理健康和压力水平保持在可控范围内。
4. 雇用私人厨师/教练：一名私人厨师可以帮你节省大量时间，并会帮你避免吃太多外卖食物导致的健康问题。私人教练会负责管理你的身材，为你定制训练计划，并从外部提供约束力，帮助你实现健身目标，从而你需要自己做的计划、自律心和自我管理就会少很多。二者都能在很大程度上节省你的时间，促进你的健康。只要你想，更好的健康状况和更多空闲时间会为你追寻自己的梦想和赚更多钱带去更多可能。

5. 拥有私人飞机、豪宅、游艇、刚需以外的汽车和房产：如果你达到了这个层次，你就可以做你想做的任何事了，那么你的选择基本是无限的。你甚至会拥有独家投资机会。你可以做任何事，从购买一个小岛到用慈善捐款改变世界。

每一个突破，无论是赚取更多金钱、获得更多权力和影响力、掌握一项技能还是提高你的自律性，都会改变一切。你达到的每一个新层次都有着强大的影响力，会帮你达到更高的层次。

我希望每个感到沮丧或运气不佳，以及希望自己的生活有所改变的人都能注意到上述现象。处在较低层次时，你是无法看到你的上层潜能的。金·凯瑞（Jim Carrey）、哈莉·贝瑞（Halle Berry）和西尔维斯特·史泰龙（Sylvester Stallone）都是著名的电影明星，但你是否知道，他们都曾在生命中的某个时刻沦落到无家可归的境地？当他们为食宿发愁的时候，你认为他们能看到自己成为明星的潜能吗？

你看不到你生活里真正的天花板，只能看到当前你头上的障碍。这是一件好事，因为你可以冲破目前看起来像天花板的障碍，创造一个比想象中好得多的未来。

一种广泛的误解是，潜能完全是由才能和智力决定的。当然，才能和智力这些因素很重要，但人们总会高估或低估自己的才能和智力。你最终会达到怎样的高度，是你朝什么方向行动、如何行动以及在过程中收集了哪些资源（作为工具）等因素决定的。

引言　动量是不公平的

怎样保证一场赛跑的公平性？

有人可能会说，确保所有运动员在相同的时间和位置起跑就够了。这听起来很合理。不过，图 1 是完美符合这些条件的——但也是完全不公平的。

图 1　动量不同的三个人

发令枪响的时候，三名运动员都在起跑线上，但他们三个人的动量是完全不同的。A 有着和终点方向相反的动量。B 是静止不动的。最后，C——我赌 100 美元他会赢——已经有了冲向终点的动量。这就是为什么你应该关心动量——它会让你更容易成功（或失败）。

在你说这个例子不符合现实之前，我要告诉你，我曾经确实以这种方式赢得了一场（游泳）比赛的胜利。

助跑入水的启示

在 6 岁到 18 岁期间，我一直在参加各种游泳比赛。某次比赛是在一个没有出发台的室外游泳池里举行的。一般来说，游泳运动员都需要从出发台上跳入水中（在水中出发的仰泳除外）。在这次游泳比赛中，由于没有出发台。我们不得不从泳池的一侧跳入水中。

到了团队接力赛的时候，我和我朋友注意到了一种特殊的情况。在泳池外，有一条大约 6 米长的人行道和一片草地。这相当于我们有了一条跑道！

与个人比赛的要求不同，第二到第四位出发的接力选手不必等待开始的枪声，可以在队友触壁时就跳入水中。因此，我们可以预判入水的确切时刻，而且因为没有出发台，我们不会被强制处于静止状态。另一队参赛者在入水前是在泳池边徘徊的,而我们采用了一种不同的策略。

我和我朋友像美洲豹一样在离池边 30 米远的草丛中等待着。我先参加接力。于是,当我的上一位队友划最后几下水的时候,我便开始朝池边冲刺,在她接触池壁的那一刻跳入水中。接下来轮到我朋友时,他也是这样做的(见图 2)。

图 2　助跑入水

动量的助推力量太厉害了!我们赢了这场比赛,而且是大幅领先。在观看任何游泳接力赛时,你都能看到运动员在跳水前会做出摆动手臂的动作,以产生一些微小的、正向的动量。在这项胜负仅在百分之一秒间的运动中,这种手臂的摆动可以决定一场比赛的结果。因此你可以想象,冲刺带来的巨大动量会对我们的团队产生多大帮助了。[1]

许多竞技运动都会制定限制身体动量的规则,因为如果不这样做,有的人会获得不公平的优势。动量在我们的生活中也起着同样的作用,会给我们带来显著的帮助或损害。我们必须管理好我们的动量,保持领先势头(以及防止落入向下的螺旋)。这样做时,我们就会明白一条每个人在年轻时就应该明白的道理。

正因为动量的存在,人生才总是不公平的,或者会给人不公平的感觉。

物理学上的动量与生活中的动量

《牛津英语词典》将动量定义为:

1. (物理学)运动中物体运动的量,以其质量和速度的乘积来衡量。
2. 运动中物体所获得的动力("动力"指的是导致运动的力量)。[2]

这本书是关于生活中的动量——行为动量的,所以第二个定义更接近我要介绍的概念。我们想知道自己能持续做给生活带来好处的事多久,而第二个定义谈到了运动的力量,它会影响动量持续的时间。

一个动作产生的"力"是什么?一种类型的动作是否会比另一种产生更多动量?这些都是后文将提出并解答的问题。(我还将像前文中以游泳比赛为例那样用物理学概念来打比方)

公共汽车和蝴蝶

人类可以在直觉层面理解并尊重物理动量。我们不会走到行驶中的公共汽车前面,但即使是最横冲直撞的蝴蝶也不可能给我们带来生命危险。

问题是,行为动量并不像物理动量那样直观。在我们的生活中,"蝴蝶"有时会变成"公共汽车"。换一种更实际、更可怕的说法:一个蝴蝶般大小的事件、想法或感觉都能成就或摧毁一个人的生活,只要这个人长期保持甚至叠加这种动量。

一句话或一次失败就能摧毁有些人的生活,而另一些人则能把一段在网上走红的视频转化成一项利润丰厚的事业。在这些例子中,无论结果是积极还是消极的,都有一个小事件起到了跳板的作用，让他们的过往生活成为历史。

不幸的是，大多数人认为，在我们生活中，正向的动量等同于"一连串的成功"。实际上，这种成功并不是真正的动量，可能只是动量带来的结果。以体育比赛为例。当一支球队开始得分的时候，连续得分当然是件好事，但只要驱动得分的力量不存在了，胜利就无法持续了。

体育比赛中的动量可以在瞬间改变。只需通过一次精准投篮、一次完美挥棒、一次精彩发挥，一支队伍就可以逆转比赛的势头。如果运动中的动量可以被如此轻易地逆转，那么这意味着什么呢？这意味着它并不像物理动量（或行为动量）那样坚实或强大。你不会看到一辆以 100 千米 / 小时的速度向北行驶的公共汽车瞬间掉头并以同样的速度向南行驶。它需要力、能量和时间来扭转它向北的动量，并把它变成向南的动量。

在篮球比赛中，为什么教练会在对方连续进攻时叫暂停？因为他们想重置球员的心态，使其达到一个更好的水平，让球员能够更好地表现。暂停的目的也是打断对方的节奏和势头。这种做法往往是有效的——真的吗？

许多关于篮球比赛中暂停的研究样本都不完整，没有考虑到重要的变量，例如：

- 球队只有在控球时才有权利叫暂停。因此，叫暂停的球队在暂停后总是先持球。暂停自然有利于先持球的球队得分。
- 在球员水平相近的情况下，我们应该预料到，无论是否叫暂停，一支球队在连续得分后的表现都会回落到平均得分水平。
- 如果没有叫暂停，动量是会保持不变还是会发生变化？考虑到这个因素，我们需要一个控制组来研究暂停到底会如何影响动量。

布林莫尔学院（Bryn Mawr）的萨姆·佩尔马特（Sam Permutt）在毕业论文中研究了 3690 场篮球比赛的数据，并考虑到了上述变量。他的结论佐证了我的观点："这些数据进一步证明，相信运动中存在动量的情况**可能是一种感知上的偏差**，而不是对运动内部机制的准确描述。"[3]

完全正确。关键词是"感知上的偏差"。体育运动中的动量是一种基于感知的心理现象。当然，它的确可以影响比赛。如果一支球队丧失了信心，而另一支获得了鼓舞，这种变化是会反映在比分上的。然而，这并不是我们所追求的那种动量，它还不够强大。

这本书要阐述的不是某些心血来潮的念头，不是"最近的经验告诉我这种方法不错"，也不是运动员在连胜期间感受到的信心提升。我们不要忘记，物理学中的动量是一股真正的力量，而这才是我们想确保成功时需要的动量类型。

真正的行为动量背后有一股力量存在。它不依靠我们的思维

或感觉产生结果。

在继续阅读这本书的过程中，你会看到这种真实动量和体感动量之间的更多关键区别。当我们抛弃这些关于行为动量的不成熟的看法后，剩下的部分就更坚实、有力了。以下是我对真正的行为动量的定义。

行为动量是预测我们未来行为的风向标。

没有人可以保证未来会发生什么，但我们非常有可能根据目前的动量去预测未来。我们发现，体育运动中的动量并不能准确地预测比赛结果。想想看，体育史上每一次巨大的反击胜利都需要一个条件——双方巨大的差距。这意味着更强的一方在比赛开始时具备很大的动量，之后却以同样惊人的速度失去了它。行为动量要比这种动量稳定得多，因为它不是建立在感知基础上的。

现在，我已经简述过本书的一个关键部分，并挑战了大众对动量的普遍看法，我想我接下来应该探讨另一个重要问题了。

动量对我们的生活有多大影响

动量比你我想象中更重要。每个人的首要目标都应该是在自己看重的领域创造正向的动量。我知道，这是一句大胆的声明，但我将在下一段对它做出严密的论证。

正向的动量让我们更容易采取积极的行动。采取积极行动以后,我们又更容易采取更多积极行动。这是一种滚雪球式的增长。同时,反向的动量也会使得我们更容易采取消极的行动,并朝着目标的反方向越走越远。

成功的秘诀很简单:让成功变得比失败更容易。动量不仅能实现这一点,还能以指数式的增长速度实现它。

我们的行动除了能带来明显和直接的结果,还具有潜在的价值。你可以通过回答以下问题找到行动中隐藏的价值。

- 这个行动会如何影响我的想法、感受和接下来的行为?
- 这个行动能改变我一天的生活轨迹吗?
- 这个行动是否有潜力带来滚雪球式的收益?如果有,潜力多大?

正向的动量可以使你在不需要做出额外努力的情况下更靠近理想中的生活方式。反向的动量会将你推离这种生活方式。这场动量的较量决定了你会去往哪个方向和成为什么样的人。

当动量战胜力量

小学时,我们在"户外活动日"都参加过拔河比赛。在这个游戏中，参赛者分成两队，每队大约有 8 个人。能把绳子拉过中线的一队便会获胜。拔河比赛是户外活动日的重头戏。虽然参赛者更强壮的队伍通常会获胜，但偶尔也会有弱队逆转强队的情况发生。

在一个以绝对力量为基础的游戏中，弱队是如何击败强队的呢？拔河比赛的确主要取决于力量，但能起作用的又不仅仅是力量。动量也会影响结果。这里有两种在拔河中借助动量取胜的技巧。如果你在比赛中处于弱势，可以试试。

- 先发制人法：尽量比对方更快对哨声做出反应。如果你们能在另一队还没站稳脚跟并发力之前就开始用力拉绳子，你们就能赢得胜利。一般情况下，每支队伍都清楚这个道理，都会快速行动，但对己方力量过于自信的队伍可能会放松警惕。
- "抽走地毯法"：如果你的队伍遇到了强大的对手，且对方处于上风，这是你最后的办法，但是个好办法。我在现实生活中和热门电视剧《鱿鱼游戏》（Squid Game）中都见过这种方法。在绳子被完全拉紧的情况下，如果你的队伍已经无法与对方的拉力抗衡，你们可以松劲，反朝对方扑过去。如果成功的话，对方就会因为这出其不意的一击而失去拉力，从站立状态突然变成向后倒下，就像被人抽走了脚下的地毯一样。而你的队伍此刻仍然处于站立状态（希望你们还没有被拉过中线），于是你们就可以在对方重新站起来之前将他们拉过中线，获得胜利。

如果你的队伍在拔河比赛中处于劣势，那么你们目前的动量将带领你们走向最终的失败。如果对方比较强大，你们唯一的机会就是改变动量，即使这意味着像"抽走地毯法"那样给对方比他们需要的更多的动量。我们之后将再次探讨这个例子体现的道理——动量不一定越多越好。

改变动量被忽视已久的状况

你上一次问自己"我现在的动量在哪里"是什么时候？你从来没问过自己这个问题，我知道。然而，这恰恰是你应该问自己的正确而最有力的问题。你的答案能解释你对生活为什么会有如今的感受以及你每天会采取（和不会采取）哪些行动。

如果你觉得你的生活中缺乏正向的动量，这可能是因为你从来没有尝试过特意培养它。大多数人寻求的是一个特定结果或一个具体的、可实现的目标。动量是一种不同的猛兽，因此我们需要采取不同的行为方式去靠近它。

我们在日常谈话中用到的"势头"一词和一些体育比赛中的例子，不幸地让我们对生活中的行为动量产生了先入为主的不准确印象。与真正的动量相比，这种形式的"动量"的力量是非常弱的。你可能会问，那什么才是真正的动量？下面，我会提出行为动量的四个原理，向你揭示你需要知道的一切。

第一部分

行为动量的四个原理

THE MAGIC OF MOMENTUM

第一章

动量的魔力

我们通常认为，魔力是一种违背了自然法则和已知科学原则的无法解释的东西。但实际上，当我们通过观察和计算来认识某些事物时，它们看起来似乎更有魔力了。

想象一下飞机吧。

飞机飞行的物理学原理已经很明确了，但一个超过 40 吨重的物体像鸟一样在空中飞翔的样子在我眼中始终是匪夷所思的，而这种魔力的直观冲击是你很难习以为常的。在漫长的人类历史上，我们直到近代才开始见证这种魔力——莱特兄弟第一次试飞成功发生在 1903 年。[1]

> 没有发动机也可以飞行，但没有知识和技能不行。
>
> ——飞机发明者之一
> 威尔伯·莱特
> （Wilbur Wright）

大体上说，我们可以观察到和解释行为动量——我在本书中将尽量做到这一点——但它的能量却永远会让那些试图完全掌控它的人感到匪夷所思。我们越是深入地挖掘，越想利用动量的基本原理，动量对我们来说就越神奇，就像飞机一样具有魔力。

不过，我们要清楚一点，飞行的魔力不能与动量的魔力相比。行为动量拥有深不可测的力量，因此，比起飞机，超高速恒星才是一个更好的对比对象。

向超高速恒星许愿

HE 0437-5439（也称 HVS3）是一颗正以近 260 万千米的时速在太空中疾驰的超高速恒星，其质量几乎是太阳的 9 倍。[2] HVS3 的大小和速度超出了人们认知的范畴。这样的比较实际上是没有意义的，因为这颗恒星的力量来源于它大到离奇的动量。

科学家们可以用上述数字计算出 HVS3 的动量，但有谁能理解这个数字在现实世界中的意义吗？不好意思，你是说时速 260 万千米？汽车每小时开 160 千米就已经让人感觉很快了。目前最快的喷气式飞机的时速也只能达到数千千米，而这个速度已经是我们习惯乘坐的商业客机的好几倍了。对所有已经看到这里的人，我想说，我们现在谈到的是地球上最快的交通工具，但它的速度距离时速 260 万千米还差得远。

HVS3 的质量也很大。当然,它的质量只有太阳的 9 倍。但太阳的质量是地球的 33.3 万倍。1 个太阳就够装下超过 100 多万个地球了。天哪!

现在,试着想象一下这颗庞然大物以 260 万千米的时速在太空中穿梭。这简直是无法想象的。因为我们对这么大、这么快的事物没有概念。我们可以用语言、数学和工具来测量和探讨这颗恒星的属性,但我们仍然无法切身体会它是什么样的。对我们的想象力来说,它比哈利·波特的魔法世界还神奇。

动量就像一颗超高速恒星一样,它的魔力是它的力量的产物。在更广的层面上,动量是富有者愈富有、强大者愈强大、贫弱者愈贫弱的原因。它也是有些人能够实现自己的终极梦想,而另一些人跌入无尽苦难深渊的原因。它持续奖励着那些揭开它的奥秘和尊重它的力量的人,使他们获得加倍的成功。那些对自己的能力过于自信进而忽视动量的力量的人,或者不了解动量是如何运作的人,就会遇到动量给予的挫折。

我们的旅程从四个简单的动量原理开始,因为它们揭示了动量的作用机制,能让我们更好地理解它。当你了解了一件事物的机制后,你就可以利用它,并(在以后)掌控它。

给动量一张白纸

为了造一架能飞的飞机,莱特兄弟必须研究飞行、发动机、物理学、螺旋桨、空气动力学、起飞、降落等方面的知识。但在这一切发生之前,他们需要重新定义到底什么能飞。

莱特兄弟必须把飞行的原理和他们先前对飞行的观察与理解分开。 他们飞机的重量接近 300 千克,与此前任何能飞的东西都不一样。在那个时候,我们所知一切能飞的东西都是轻量级的(或是有翅膀的活物)。[3] 说实话,如果是我的话,我会对用 300 千克重的机器飞行这种想法一笑置之(很多人都会这样)。

一个如此重的东西可以飞起来的想法是违背我们直觉的,但这正是原理的价值所在——它们可以揭示真相,包括那些反直觉的真相。懂得空气动力学原理的人就能理解为什么飞机、直升机和蝴蝶都能飞了。

那么,为了发现动量的魔力,我们必须先抛开此前对它的肤浅理解。正如莱特兄弟经历过的那样,我们将通过研究动量的原理来解锁新的可能性,发现那些反直觉的真相。在你继续阅读本书时,我建议你重新思考动量在你心中的含义,以及它在你的生活中意味着什么。下面,我将告诉你如何"飞翔"。

THE MAGIC OF MOMENTUM

> 第二章

原理 1：你最有可能继续做你刚才在做的事（短期动量）

你最有可能继续做你刚才在做的事。

这是本书一切内容的出发点。这个不起眼的句子道出了动量的核心理念。

这样一个简单、显而易见的道理，却具有改变生活的力量——我已经利用这条原理改变了自己的生活，所以我毫不犹豫地得出了这个结论。这与其说是一种感觉，不如说更接近物理学中的一个大家熟知的理论。

艾萨克·牛顿提出的第一运动定律指出，任何物体都会保持匀速直线运动或静止状态，直到外力迫使它改变运动状态为止。[1]牛顿的运动定律是关于物理学的，但它同样适用于描述个人发展。[2]

为什么要谈动量而非运动

我提到牛顿的第一运动定律后，你可能会想：为什么这本书要谈动量而不是运动？二者到底有什么区别？

运动产生动量，而动量会影响随后的运动。

你可以说，无论是物理动量还是行为动量，衡量的都是物体或人朝某一特定方向运动的"势头"，需要考虑力量、方向和运动潜能。

动量与运动的区别示例：在风中飘荡的花粉和从枪口发射出的子弹都处于运动状态，但子弹的动量要大得多。

没有运动就没有动量，动量是运动带来的一种结果。我们接下来会从这个结果开始倒推，找到把我们的运动转化为动量的最佳策略。

我们总是处于运动状态。在人类行为中，即使是没有运动的状态也可以被看作一种"行为角度的运动状态"。正是这种运动产生的动量赋予了运动的意义。绕圈跑的行为是一种不会把你带到任何地方的运动（在物理学中被称为"角动量"），而冲向洗手间是有速度、意义和目的的运动（在物理学中被称为"线性动量"）。

每个人都明白，做一些积极的事情比什么都不做要好。但不是每个人都明白，我们需要优化自己的行动模式，目的是获得动量，而不是瞄准某个结果。结果是一次性的收益，而动量可以让你持续受益。

请注意，不要急于下结论或将这个问题看得过于简单。因为即使朝着正确的方向，更大的动量也不一定更好。一辆超速行驶的汽车可能会更快到达目的地,但风险是大于收益的。这就是为什么道路会限速。另外,请记住上文中子弹和花粉的例子,我们稍后会再来讨论这个问题——而且会有一次反转。

我们为什么会坚持看完一部糟糕的电影

现在让我们来谈谈,动量的第一条原理对你的生活意味着什么。你最有可能继续做你刚才在做的事,那又怎么样呢?这样说吧,你是否曾经看完过一部你不喜欢的电影?如果一部电影很糟糕,但还不至于让人看得太痛苦,大多数人仍然会看完它。这种现象是不是很有意思?

你看过电影《库珀山》(*Copper Mountain*)吗?我看过。还不是看了一半,而是看完了全部。我一直在等待,希望它后面能变得精彩,因为它是金·凯瑞主演的。我喜欢金·凯瑞,但这部电影可能是我看过的最糟糕的电影。

负向动量会带来的最可怕的后果并不是看完一部糟糕的电影,而可能是会致死的毒品或酒精过量。毒品之所以如此危险,部分原因是我们对毒品的主要抵抗力正来自它们损害的区域(前额皮质)。

你最有可能继续做你刚才在做的事,即使这件事是看糟糕的电影或摄入有害物质。

这是动量的第一条原理，因为它是最根本的。你采取的每一个行动都会在这个行动作用的方向上产生动量。

到目前为止，我只举了负向动量的例子，你知道是为什么吗？我举负向动量的例子并不是为了好玩。相反，这些例子最能揭示动量的原始力量。大多数例子中的正向动量都被我们已经存在的欲望掩盖了——因为我们本来就想做这些事，所以我们很难看到动量起到的作用。

我们当然会看完一部精彩的电影，吃完一顿美味的家常菜，或者洗完碗。所有这些事给我们带来的好处多于伤害，因此给了我们继续做的动力。正是那些我们会在短期内持续做的纯负面的事情，才能显示出动量可以有多大的影响。

如果要在"好"和"坏"之间做出选择，我们总是会选择"好"——除非我们已经站在"坏"的起点上了。在这种情况下，我们可能会坏下去，因为我们已经在朝这个方向发展了。

行为动量原理 1 的核心内容

当你需要决定当下做什么的时候，有一种让你考虑行为动量原理 1 的方法，能帮你做出决定。为了阐述清楚这一点，我需要（简单地）介绍一下物理学中动量的定义。

物理学中的动量衡量的是让一个物体停止或减速的难度。

动量＝质量×速度（需要考虑方向和快慢两方面）

这是物理学上的动量。让我们把它转换为行为动量。在行为动量中，我喜欢把"质量"换成"力量"。一辆行驶中的大巴的质量就好比一种习惯的力量（二者都是一旦启动就很难停止）。已经成为习惯的行为在你的思想和自然偏好中也是有"质量"的。

习惯是大脑中的神经通路，会像铁轨一样运作。当大脑遇到一种它已经形成反应习惯的情况时，相关的神经通路就会启动。之后，大脑通常会开启自动驾驶模式。不过，通过一些策略或努力，你可以从默认的轨道（习惯）上转向。不然，你就会在这条可预测的道路上走下去。众所周知，习惯是人类行为的动力来源。

如果你能理解这种从质量到力量的迁移，那么我们就能总结出行为动量的三个主要因素：力量、方向和速度。其中一个因素的重要性远远超过了其他因素，但我打赌你猜不到是哪个。

关于行为动量，你认为其中哪一个因素对产生和维持正向动量来说是最重要的？花些时间思考一下。

A. 行为的力量

B. 行为的方向

C. 行为的速度

有答案了吗？如果无法判断，可以猜一猜。无论你的选择是什么，这都会非常有趣。

……
……
……

正确的答案是——

——B. 行为的方向！大多数人的选择可能是 A。我已经写过 4 本探讨习惯的书。习惯是一种力量，我在前文中刚刚写过这个问题。但对于行为动量，这些因素的重要性有明确的顺序，而方向绝对要排在首位。这个顺序决定了我们关注重点的顺序。方向必须永远在首位。

1. 方向
2. 力量
3. 速度

至于方向为什么是最重要的，原因有两个。

第一，当方向正确时，再微弱、缓慢的动量最终也会带来显著的好处。（想一想龟兔赛跑的故事）考虑一下这一点：力量和速度只有用在正确的方向上才有好处。它们的作用如何，100%由方向这个因素决定，在物理世界和人类生活中都是如此。如果方向错误，我想我们可以达成共识：力量和速度都会造成损害。

"你最有可能继续做你刚才在做的事"这句话本质上就是在肯定方向的作用。如果你正在朝西走，你接下来最有可能去哪个方向？当然是西边。我并没有提到你运动的力量或速度，但我们仍然知道答案是"西边"，因为原理1说明了这一点。

如果你刚刚迈出的一步是向西的，你接下来就最有可能朝这个方向走。

方向最重要的第二个原因是什么？**习惯为我们的行为打下基础的重要力量，始于它让我们不断选择同一个方向的能力（通常是以每天一次为频率）**。久而久之，这种习惯（力量）就形成了。因此，这再一次说明，即使是像习惯这样重要和强大的东西，也需要先确定方向。

提示：始终先关注自己行动的方向，进入运动状态后再去考虑力量和速度。

改变方向，改变生活

颠覆我生活的一个最重要的时刻始于一次方向上的改变。

2012 年 12 月 29 日，我没有动力去锻炼，于是像开玩笑一样做了一个俯卧撑。然而，正是这个不起眼的俯卧撑改变了我行动的方向，使其从"久坐"变为"运动"，也塑造了今天不一样的我。

那天，在做完一个俯卧撑后，我逐渐获得了更多动量，最终完成了 30 分钟的锻炼。我本来没有动力，也不具备强迫自己锻炼的意志力，动量（严格地说是原理 1）凭一己之力让我实现了一个看似不可能实现的重大成果。在那次经历之后，我决心每天做一个（或更多）俯卧撑，并在一年后将这一策略写进了《微习惯》（Mini Habits）一书中。

正如原理 1 表明的，在做完一个俯卧撑之后，我往往会做更多俯卧撑（或其他运动）。关键是，将一个俯卧撑变成更多锻炼行为的功臣，没有一次是我的习惯，而都是短期动量——永远是动量。每当你踏上一个新方向，你就会立即产生一种短期动量。不要低估这种动量的作用。

先确定方向的意义

每天做一个俯卧撑体现了我所说的"微习惯"——每天朝一个特定方向努力。大多数任意、预设的目标会忽视方向这个因素，因为这种目标只接受满足特定质或量要求的方向（即要么全部完成，要么干脆不做）。

人们会说："我打算每天锻炼一小时。"这标志着一个方向——我们的所有目标都如此——但是，他们在没有达到这个终极目标时的选择揭示了他们最看重的是什么。他们不会锻炼39分钟，也不会锻炼23分钟。只要无法完成锻炼一小时的目标，他们就干脆什么也不做了。**他们不会创造哪怕少许正向动量，而是会接受负向动量，失去目标，或在更糟糕的情况下养成坏习惯。**

你可能会想："等等，这两者并不是非此即彼的。你为什么就不能走上正确的方向，不是只做一个俯卧撑，而是再多做一些运动呢？"

这个问题意味着我们习惯应用一种错误的二分法：只做一个俯卧撑等同于你根本没有意愿做俯卧撑。

做一个俯卧撑是否会提高你做更多俯卧撑或其他运动的可能？实际上，任何数量的俯卧撑，即使是一个，都能提高你做更多俯卧撑的可能。这就彻底推翻了上文中的二分法。

这实际上是因为方向和力量、速度并不是互相排斥的（也就是说，你可以兼顾这些方面），所以首先关注方向总是对的。方向优先的思维模式永远不会妨碍你获得力量和速度，反而会促进你获得它们。

虽然我们的社会文化整体上崇尚宏大的目标，但有理性的人都明白，把方向置于优先位置是不会错的。你会不会在公路前方出现一头羊驼的情况下猛踩油门？（如果你会，你为什么不希望开车时遇到羊驼？）在考虑力量和速度之前，先明确正确的方向。否则，你会毁了你的车，以及一头可爱羊驼的一生。

动量的原理 1 告诉我们，想获得短期动量，要先确定方向。我们下一步最有可能做的事就是我们刚刚在做的事，而这种涟漪效应并不会就此结束。接下来，我们要讨论的是长期动量，而它发生在大脑的潜意识深处。

THE MAGIC OF MOMENTUM

第三章

原理 2：持续的行动会消灭阻力（长期动量）

整体上说，大脑是由两部分构成的系统。一部分是为了提高能量利用效率，另一部分是为了提供动力。[1]

第一部分——节能的"自动驾驶系统"：潜意识（基底神经节）让我们能进入节能的"自动驾驶"状态。这些就是我们所说的"习惯"——做这件事，我们就能得到回报。这里的回报可以是任何东西，从获得干净的口腔（刷牙）到品尝味道并得到满足（吃巧克力）再到缓解疼痛（吃药）。这些"自动驾驶"行为几乎不需要我们多想，因此我们几乎不会进入消耗脑力的深思状态。

第二部分——强力的"手动驾驶系统"：我们大脑掌管意识的部分（前额皮质）让我们能在有意愿和精力时用"手动驾驶"接管"自动驾驶"。它使我们能通过深思熟虑的计划和行动来塑造我们的行为和生活方式。但是，我们能控制的程度是有限的，因为我们没有无限的时间、精力或意志力来达到完美的生活状态。世界上最完美的建议也无法把我们从不那么完美的生活中拯救出来。

了解这两部分系统能达到的极限是很重要的。在了解之后，你就可以更好地利用它们了。

- **基底神经节是大脑中的一组"皮质下核团"。它们无法让你通过理性摆脱坏习惯，也无法说服你多吃菠菜。**长期看，它们重视已得到验证的过程，而不是计划；短期看，它们重视回报，而不是合理性。这就是为什么它们需要来自前额皮质的帮助——前额皮质能看到我们所采取行动的全部后果。
- **前额皮质可以否决一项行动或强制采取另一项行动，因为它更加理性，但前提是它有意愿和精力这样做。**就像大多数力量强大的事物一样，它需要许多能量才能运行。因此，当我们因为其他事而感到疲惫时，它要么会让我们更疲惫，要么干脆不会运行。研究表明，当我们感受到压力或疲于应付现状时，我们便会依赖习惯（无论好坏）。也就是说，当驾驶员感到疲劳时，"自动驾驶"就会启动。

在我们的意识中，存在一些并非由我们自己（直接）选择的想法和情绪。这些流氓式的想法和情绪很狡猾，会与我们的意识无缝混合，因此我们很难分辨它们。我们不知道某些想法到底是真的正确，还是我们为了做一些想做但知道不该做的事而进行的下意识辩解。

我们在生活中（经常）使用脑中的"自动驾驶系统"。这种系统遵循着预设的程序和协议，也就是说，它是可预测的。这就是关键所在：任何能带给我们可预测的未来的行为，都是真正的行为动量。

长期动量是一种内在的推动力，可以让我们在特定的时间以特定的方式做特定的事情。它通常表现为自我说服。你可能认为习惯是一种自动化的无意识过程，但它们也是你头脑中积极的游说者，会用各种想法和情绪说服你一次又一次地做出它们喜欢的行为。就像大公司会花数百万美元来游说政客（以及贿赂他们）为自己争取利益一样，我们的习惯也在游说我们的大脑，让它继续做它们喜欢的行为（无论好坏）。

你在下次洗澡时，可以注意一下自己是如何擦干身体的。我敢打赌，你每次用的都是同样的方式。你擦干身体的模式是一种习惯，可以准确地预测当前尚未发生但将在你洗澡后发生的行为。这就是长期动量的表现。如果你没能有意识地选择改变此前擦干身体的模式，这种模式将持续下去。我们不去改变它，是因为改变需要我们付出更多努力，而且谁会在乎你每次是不是先擦干膝盖呢？是的，先从膝盖开始擦是非常奇怪的，没有人不会觉得奇怪，但擦干就是擦干，无论你怎么擦，只要能达到目的就行。

用毛巾擦干身体的方式虽然无足轻重，却清晰地体现了长期动量的重要力量。不过，长期动量——无论是用毛巾擦干身体还是其他——一开始又是如何形成的呢？

西蓝花和海洛因的不公平战役

有多少瘾君子在第一次吸毒前就做好了计划准备上瘾？有多少人会说"今天是我开始吸海洛因的日子"？我认为没有一个人会这么说。虽然没有人刻意选择对毒品成瘾，但这样的悲剧却屡屡发生。[2]

接触大部分能让人成瘾的物质都不需要当事人做出努力，而且这些物质会带来迅速、显著的回报，足以改造当事人的大脑。哪怕是第一次接触任何成瘾性物质，都会带来无穷的后患。觉得自己可以尝试某种成瘾性物质并能凭意志力戒掉它，实际上是不尊重自己潜意识力量的天真表现。即使是医生开具的阿片类药物，也必须极其谨慎地服用。

美国国家药物滥用研究所（National Institute on Drug Abuse）表示："在采用阿片类药物治疗慢性疼痛的患者中，有8%～12%走向了阿片类药物滥用。有4%～6%滥用阿片类处方药物的患者转而开始吸食海洛因。"

人类总是在对抗毒品的战斗中失败。他们往往无法抗拒毒瘾的力量，让自己的生命岌岌可危。在这方面有许多著名的案例。这些人并不是性格软弱。实际上，这种现象体现了负向长期动量的强大力量（尤其在与从生理上改造了大脑的物质共同作用时）。

但是，问题来了，有多少人会对西蓝花上瘾？能凑够5个吗？我不知道。我只知道，肯定不多。我个人非常喜欢（煮熟的）西蓝花，但"西蓝花瘾"对我来说是不可能出现的，因为西蓝花提供的即时回报不够强。西蓝花有很多优点，但你必须先对它产生理性认识，才能让自己喜欢上它。

行为回报结构和大脑

对我们来说最糟糕的事物通常是那些现在让我们感觉（非常）好，但以后会对我们造成伤害的东西，无论是食物、毒品还是各种不负责任的行为。对我们来说最好的事物往往是那些现在让我们没什么感觉甚至感觉糟糕，但以后会带来更多好处的东西，比如西蓝花、诚实、攒钱和健身。造成这种差距的关键是：对我们有益的行为是更难习得的，因为它们的回报不像糖或毒品那样明显、诱人和直接。

由于基底神经节对即时回报有着强烈的偏好，它存在的目的似乎就是让我们对西蓝花这些"无聊之物"避之唯恐不及，沉溺于快乐之中，直到自我毁灭。如果是这样，那为什么大多数人还是能拒绝毒品，甚至还能经常吃蔬菜呢？[3] 假设你可以完全凭自己的自由意志行动，你母亲也不会对你吃什么耳提面命，那么你依然会在大部分情况下选择西蓝花而不是海洛因——因为前额皮质在起作用。

人人都知道毒品是危险的，而西蓝花对健康有益。在意识层面上，大多数人会选择健康的西蓝花，而不是危险的海洛因。然而，在潜意识层面，如果有机会尝试这两种东西，大脑会更喜欢海洛因，而不是西蓝花。

要知道，我们的斗争对象并不是我们自己的潜意识（基底神经节），至少一开始不是。虽然基底神经节的机制听起来不怀好意，但它们实际上是一种中性的结构。人类是搞破坏的高手。如果你把汽水倒在笔记本电脑上，导致它发生了故障，你应该责怪的不是笔记本电脑。同样，如果你吸食了海洛因，不要责怪大脑机制。你的大脑不过是毒品的受害者罢了。

坏习惯是一些容易获得且诱惑力巨大的回报，这就是我们多多少少会养成一些坏习惯的原因。

一套自动驾驶系统如果倾向于选择阻力最小、最容易得到回报的路线，就会把我们引向对毒品成瘾和不吃西蓝花的可怕结果。但这并不意味着我们就没救了。我们可以思考一下，如何对这套自动驾驶系统进行一些微调，让它为我们带来好处。

如果能用知识指挥意识,对你的潜意识进行管理,潜意识就可以成为一股强大而有益的力量。即使基底神经节一开始会抗拒对你有益的行为,这也并不意味着你毫无胜算。对我们来说,幸运的是,存在着一种秘密武器。比起回报,这部分大脑甚至更喜欢它——没错,大脑对它的喜爱胜过对回报的。

熟悉感的力量

坏习惯很容易养成,因为它会用容易得到的回报引诱我们踏入它的陷阱。这种能轻松得到的回报会引导我们去尝试做一些事。然后,反复做这些事的行为会让我们上瘾。这种反复接触会让我们对整个过程——行为诱因、行为本身和丰厚的回报——产生强烈的熟悉感。

大脑潜意识最喜欢的就是熟悉感。

你想知道大脑有多喜欢熟悉感吗?心理学家丹尼尔·卡内曼(Daniel Kahneman)在《思考,快与慢》(*Thinking, Fast and Slow*)中表示:"让人们相信假话的一个可靠方法就是经常重复它,因为人们不容易将熟悉的事物和真相区分开来。"

对大脑来说,熟悉的事物和真相处于同一水平。真相对我们来说无比重要。我们的宗教信仰和价值观都建立在我们眼中世界的真相的基础上。我们的信仰对我们来说是如此重要——我们对它的重视程度胜过对其他所有事物,甚至包括我们的生命。

熟悉感存在于你最深的价值层面上,在你最强大的信念层面上。熟悉感之所以如此强大,是因为潜意识对它不设防。

潜意识可以被重复和熟悉感轻易地控制。因此,我们可能相信我们在其他情况下不会相信的事物。

卡内曼的这个观点——如果你相信它,或是因为我重复了它很多次——表明人类对熟悉感的重视和信任程度不亚于甚至超过了对真相本身的。很多人会否认这一点,但它是在我们的意识层面下偷偷发生的。你对某样事物越熟悉,它就越容易深入你的潜意识,也就越难被发自你意识的尖锐质疑揭露。

熟悉事物的欺骗效果

人类如果喜欢熟悉感,为什么还会喜欢追求那些非同寻常的经历,比如在笼子里看鲨鱼和跳伞呢?在这里起作用的依然是一种人类集体层面上的熟悉感,尽管大多数人都没有做过这些事。此外,人类拥有会与熟悉感竞争的其他欲望,比如他人的注目、兴奋感、快感,甚至是尝试新奇事物的先驱者身份带来的名气。

每年都有数以百万计的人去跳伞,但有多少人愿意当第一个跳伞的人？第一次成功的跳伞发生在 1797 年，尝试者是一个勇敢的人。[4]

跳伞的风险是一个可以证明我个人无法区分熟悉感和真相的很好的例子。美国人每年会尝试 330 万次跳伞，而其中大约有 20 人死亡。看到这个数据，再想想我自己的运气，我在面对跳伞时会非常犹豫。然而，其实我每天在生活中不经意地冒的险都会比跳伞的风险大。

我从来没有跳过伞，但我在过去 20 年里开过无数次车。然而，据统计，跳伞的危险性要比开车小得多。[5]在汽车以 120 千米／小时的速度行驶的时候，一个错误的动作就可能导致乘客当场死亡。即使我开得很好，一些我无法控制的因素——比如一个醉酒的司机——仍然可以杀死我。

尽管如此，但你知道，事实是，我对开车很熟悉，但对跳伞没有那么熟悉。这种情况足以让我在数据面前仍然抱有错觉。即使我已经研究过这个问题，还写过相关文章，并刚刚承认了开车比跳伞危险的事实，而且已经认识到熟悉感带来的偏见，但我仍然感觉开车比跳伞更安全。要么是我不够理智，要么就是熟悉感具有不可思议的力量（此处又出现了错误的二分法！实际上二者都是正确的）。这就是熟悉感的典型特征——你就算向它抛出铁的事实，还是无法撼动它！

仅仅熟悉感这一个因素就能让开车看起来比很多行为都安

全，而实际上那些行为都比开车安全。当你在高速公路上以130千米/小时的速度行驶时，你会反复思考自己身处一个危险的、高速行驶的、每天都会造成很多人意外身亡的死亡机器里的事实吗？我想说，这是真相。但是拜熟悉感所赐，我们告诉自己的故事可能并不是真相。

我不是说我们相信的一切都是谎言。我只是想说，比起其他事物，熟悉的事物在我们无法触及的深层次上对我们有更大的影响，甚至扭曲了我们每个人对真相和现实的认知。

只要这些熟悉的行为不是100%令人厌恶的，它们对大脑来说就是终极的回报。不然为什么很多人会留在不愉快的环境中继续有害的模式呢？比起未知的（可能更糟糕，也可能更美好）的生活，他们更喜欢熟悉的糟糕生活。

人们经常被困在不健康也令自己不满意的关系中。这种现象就像路边的土一样随处可见。当下的情况可能很糟糕，但它是已知的。这种已知的熟悉感压倒了不满足带来的痛苦，而这种痛苦本可以推动人们去寻求改变。

在前文中，我用看完糟糕的电影和吸毒过量为例说明了什么是短期动量。像短期动量一样，关于熟悉感的反面例子（说谎成性、维持有害的关系、心不在焉地开车等）是体现长期动量力量的最令人惊讶的例子。熟悉感可以迫使我们长年处于令人痛苦的糟糕状态中。这一点多么令人不可思议，更不用说有多令人悲哀了。

如果你不能理解人为什么会被困在某种消极的生活状态中，请思考一下我在前面讲过的一切。他们很可能已经尽了最大的努力，却陷入了他们不知道如何（或因为太害怕而不敢）逃离的负向动量的风暴。我保证我写这本书不是为了打击你。我需要用这些例子来告诉你，动量的力量比集齐了无限宝石的灭霸更强大。

有句话听起来可能很奇怪，但我不得不说：我们给予了人们的生活状态过多的指责和赞美。一般来说，我们都会尽最大努力去生活，是这样吧？但是，如果我们竭尽全力，却采用了糟糕的策略，导致我们没有机会成功呢？如果我们是在一个只会给我们消极影响的环境中竭尽全力的，完全不知道我们其实应该离开这个环境，但又不具备离开的条件呢？在这两种情况下，我们都会陷入麻烦，而且不是因为我们不努力。

我们都会认为，继承财富的人比赚取财富的人更幸运，但那些出生在其他限定条件下的人呢？马尔科姆·格拉德威尔（Malcolm Gladwell）在《异类》（*Outliers*）一书中谈到了这个问题。他注意到，有很多冰球运动员出生于1月至3月间，而很多软件业大亨都是在1955年左右出生的。而这些只是最明显和典型的例子。有些人不是含着金汤匙出生的，而是生来就拥有一个金盘子，上面摆放着各种各样带给他们正向环境动量的金色餐具。

人们急于对自己和他人做出判断，而不会先考虑那些不属于个人特质但更有影响力的因素。如果你不了解动量的力量以及控制它的方法，并做了几个糟糕的选择，动量可以让你的整个生活脱离正轨，导致你做出更糟糕的选择。甚至在正向动量过多时——比如中了彩票大奖——如果你不知道如何掌控它，它同样会毁掉你的生活（回想一下拔河比赛中原本领先的一队被另一队"抽走地毯"的情景）。

有些人在面对让自己做出最糟糕选择的动量时，无法意识到这些动量一开始是由哪些选择或者环境因素造成的，而只会把那些糟糕的选择看作故事的起点。"他抢劫了一家银行""她在考试中作弊""他酒驾"这些事情都不是随机发生的，而是在错误的方向上混乱叠加的一系列选择造成的不幸结果。这的确很不公平，但正如我在本书开头说的那样，动量从来都不是公平的。它可以毫不讲理地成就你，也可以毁掉你。你需要尊重它。

熟悉感也能创造更好的生活

让我们回到轻松愉快一些的模式上。我在写作中最感兴趣的部分是分享解决方案，而熟悉感会让我们找到一个非常好的方案。

考虑一下这个问题：如果你愿意，你可以轻松地训练自己在每次进入卫生间时拍一下墙。事实上，我敢打赌，世界上至少有一个人已经这样做了。这件事是不是蠢得很有趣？这种行为不会给做这件事的人带来真正的好处，而且毫无意义。但如果你在很长时间内坚持这样做，你就会倾向一直这样做，因为这是你最熟悉的进入卫生间的方式。

我们都有许多仅仅出于熟悉感和习惯而重复的行为方式。有没有人像我一样，在走路时总会绕开人行道上的裂缝？关于这一点，我要怪的是在我小学时告诉我"你踩到裂缝，你妈妈的背就会受伤"的那个人。我，一个胡子都开始发白的成年男人，有时依然会为了我妈妈而绕开人行道上的裂缝。我并不是因为迷信，只是因为熟悉感才这样做的。

为让行动创造长期动量的力量具象化，请想象一下某人每天都在拍卫生间的墙或绕开人行道上的裂缝。如果你能训练自己拍墙和绕开裂缝，你就能训练自己把几乎任何事养成习惯。我们会重复令我们痛苦的模式，或许是我们对熟悉感缺乏抵抗力的更有力的证明，但这也令人感到很沮丧，所以我们还是用拍墙的动作为例吧。

熟悉感（之后可能变成习惯）是一个行动最重要的长期动量。当你采取一个行动，哪怕只有一次，你也会获得少量的熟悉感，认识到触发它的因素和从你的角度看它带来的回报（如果有的话）。这种接触对大脑的长期偏好至关重要，哪怕你一开始觉得这种经历有些乏味，或者根本不会带来回报。

我认为区分熟悉感和习惯很重要，因为熟悉感一般先于习惯产生。甚至在我们第一次做一件事之前，通过外部资源（视频、指导训练、相关故事等）获得的熟悉感都可以提高我们做出尝试的舒适程度和意愿。

人们总是以为，只有将习惯与外部回报结合后自己才能坚持做某件事。其实不一定。回报的确有助于强化行为，但熟悉感本身就可以推动习惯的形成，因为大脑认为熟悉感是很有吸引力的，或者说，熟悉感本身就是一种回报。

我并不是说习惯的影响力不够大。如果习惯的影响力不大，我写的其他书就没有必要存在了。习惯是熟悉感的延伸，是发展成熟、形式完备的熟悉感。习惯的力量始于熟悉感，这就是为什么我认为有必要强调熟悉感的作用。当你想改变你的行为时，你必须尽你所能频繁尝试新的生活方式，获得对它的熟悉感。

虽然关于动量前两条原理消极作用的例子彰显了负向动量足以摧毁我们的强大力量，但我们同样可以创造强大的正向动量。下一条原理揭示了一种"虚假"的动量。不幸的是，很多人都将它看作真的动量。

THE MAGIC OF MOMENTUM

第四章

原理 3：体感动量不是真正的动量（关于速度的误区）

还记得我们讨论过行为动量由哪几个因素组成吗？

1. 方向（短期动量）
2. 力量（长期动量）
3. 速度（？？？）

我们已经讨论过，前两项分别代表短期和长期动量。至于速度……好吧，我把速度列在这里，只是出于对我借来打比方的物理学原理的尊重。下一句话可能会让你非常惊讶。准备好了吗？

行为的速度会扼杀行为动量。

我知道这是一个奇怪的说法，似乎违背了物理学原理，但我现在谈论的是行为动量。人类的行为动量是独一无二的。虽然这个物理学比喻中的要素并不都能和行为中的要素一一对应，但它仍然提供了有价值的理念，只不过不是你想看到的那种。

速度是一个变量。当我说"速度不是行为动量的一部分"时，我的意思是，对高速的追求对行为动量造成了阻碍，因为它会让你牺牲一些东西。

速度思维

速度测量的是物体在单位时间内移动的距离。例如，汽车一小时（时间）可以行驶 100 千米（移动的距离）。人们常常从速度的角度来考虑达成目标。他们想在给定的时间内到达某个目的地（移动的距离）。例如：

- 每天锻炼 30 分钟，持续 30 天（30 天内累计锻炼 900 分钟）
- 每天冥想 30 分钟，持续 30 天（30 天内累计冥想 900 分钟）
- 健康饮食 30 天（30 天内累计吃 90 顿健康餐）
- 每天练习小提琴 30 分钟，持续 30 天（30 天内累计练习小提琴 900 分钟）
- 用果昔或果汁"清肠"，一天 3 次，持续 10 天（10 天内累计饮用 30 杯果昔）
- 参加"小说写作月"活动，一个月写 5 万字
- 在 10 月之前读完 5 本书

- 今年减掉 15 千克体重

这些目标中的每一个都是用速度来衡量的,因为它们都需要你在特定的时间获得特定的结果——达成某个里程碑和(或)得到预期收益。用速度衡量的目标并不是不能设定,只是它们的结构会对动量形成阻碍。在我们了解为什么会出现这种情况之前,让我们先来探讨这类目标的优势。

以速度衡量的目标的优势

我的目的并不是推翻这种设定目标的传统方法。我想表现得公平和友善一些,所以在提出它们的缺陷之前,我会先分析这些目标的优点。

以速度衡量的目标最主要的、毋庸置疑的优势就是**目的性**。如果你能把你的意图明确为具体的行动,那么你就更有可能行动起来。一个"30 天挑战"的优势就是它给每一天设定了明确的目标。这很好。

明确的意图是所有非习惯性行动的先决条件。没有意图,你的生活就像进入了自动驾驶状态一样,只会随波逐流。

这种目标的另一个优势就是,当你完成它的时候,你会得到满足感和明确的结果。你设置了某个里程碑，然后达到了，并因此感觉良好。这可以激励你坚持到最后并获得回报。

另外，"30天挑战"还是做试验的理想选择。如果你想尝试某种事物，比如洗冷水澡，看看自己是否喜欢它，你可以试一个星期到一个月的时间。这也不错。

然而，这本书并不是为了做试验，而是为了借助动量的力量改善甚至颠覆你的生活。你的生活中有一些方面是你清楚你想改进的。你知道如果坚持做某些事，自己就会从中受益。运动就是最常见的一个。此外还有健康饮食、高效率工作、房屋维护/清洁、财务规划、沟通技巧、组织能力和冥想。在生活中这些最关键的领域中，只有真正的动量才会起作用，以速度衡量的目标作用不大。

以速度衡量的目标的关键缺陷

以速度衡量的目标也是以时间衡量的目标，因为时间是我们衡量速度的一个因素。时间之所以是一个有效的衡量因素，存在很多原因，但以速度衡量的目标占用的是跨越多天的时间段。这非常糟糕。

任何以超过一天的时间衡量的目标本身就有缺陷——缺乏真

正的动量。

你知道为什么吗?原因在于人体的生理学,在于睡眠。

我认识的每个人都需要睡觉。如果你不睡觉(或采取多相睡眠法①),以下内容就不适用于你的情况。但如果你睡觉,我接下来要说的很重要。

人类在一天结束后,大约需要8小时睡眠来给自己充电。睡眠是人类生活的必要结构。无论你睡得比8小时多还是少,睡眠始终是我们前一天与后一天之间的缓冲地带。

身体和大脑在睡眠期间会大幅减速运行,让我们从(精神、身体和细胞等层面的)压力中恢复。所以问题就来了:在你躺下后,你的身体处于"关机"状态,你会失去知觉,几乎8小时不动,那么你如何保持你前一天的动量呢?

你无法保持动量。你会失去全部动量。那也没办法,因为你必须以这种节奏生活。

在睡眠产生的生理变化之间,时间过去,你在"有意识—无意识—有意识"模式间切换。当你醒来时,你是没有任何动量的。就像电脑重启一样,一切都恢复了原始状态。

还记得动量的原理1吗?你最有可能继续做你刚才在做的事。你的短期动量永远在刚才做过的活动中。你不可能在缝衬

---

① 隔几个小时小睡片刻的睡眠方法。——编者注

衫的时候产生打橄榄球的短期动量，除非你同时在做这两件事。这听起来是一种危险的运动，我还挺想看看的。但事实上，如果你在缝纫，你（极有可能）没在打橄榄球。因此，如果你正在睡觉或刚从睡眠中醒来，你从前一天的努力中获得的短期动量为零。零！

当你早上醒来时，确切地说，你的动量并不完全处于空挡状态。早上起床时头脑还没清醒甚至根本起不来的人可以证明这一点。你新的一天在整体上看处于空挡状态，但根据动量的原理1，生活中的每一个瞬间都承载着一定的动量。我不知道你是不是这样的：我经常在原定起床时间后又睡过去。我会按掉闹钟。这就是睡眠的动量在起作用。

早上好，你的动量状态是……

你醒来时的动量状态是"躺在床上休息"。我建议你使用从睡眠中获得的能量从床上爬起来，开始新的一天。早晨是你在一天中创造正向动量的第一个机会。

许多人喜欢遵循健康的睡眠习惯和早起后的一套流程。这两种方式都是正确的，可以让你借助更轻松获得的正向动量开始新的一天。另外，你的激素水平在早上会自行做出调整，你也可以借助咖啡因的力量，因此你的能量应该处于或接近一天的峰值。而且，很明显，你在一天中越早创造正向动量，它帮助你的时间就越长。

上面这些内容和持续做一件事 10 天的目标有什么关系吗？有。这意味着，持续做一件事 10 天的目标中是不存在短期动量的。如果你只能做一件事 10 天，却仍然想得到动量的帮助，你就必须把它分割为 10 个单日目标，因为每天的动量不会传递给下一天。

你必须每天创造新的短期动量，否则就会在某个时刻偏离正轨。

由此可见，第一天的成功对第二天毫无用处。但真的如此吗？有趣的是，如果我第一天成功了，第二天我做这件事的时候会感觉好很多。这种感觉是由结果驱动的信心，或称"体感动量"带来的。我也称其为"假动量"，因为它和我介绍过的两种动量不一样。

体感（假）动量

行为动量不是我们拥有并在任何时候都能使用的单件物品。它是一股力量，会通过时间长度不同——短期和长期——两种特定机制来运作。

短期和长期动量促使我们从事的活动是类似的，但方法却不一样。

一天内的短期动量是由可被称作"行为物理学"的概念驱动的。长期动量是由我们数月或数年坚持做一件事情后大脑中出现的神经变化驱动的。[1]

这两种时间跨度之间存在着巨大、惊人、难以弥补的差距。在一天内的短期动量之外，我们是否必须坚持做某件事几个月或是几年才能巩固长期动量？是的。但也许正是因为它们之间有巨大的差距，我们总是假装这种差距不存在。我认为这有些像周边视觉的原理——大脑"填补"了其中的空白。

我们的眼睛只能聚焦在很小的区域上，但我们的大脑会进行大量的创造性工作来补全其余部分，使我们的视野看起来更像一幅全景。这种幻觉表明，大脑可以让我们看到实际上并不存在的东西。人们喜欢说"眼见为实"，但在某些情况下，我们看见的不过是我们相信存在的东西罢了（很多东西实际上不存在）。

因为有两种我们可以看到和理解的特定动量机制（短期和长期），所以这两种动量之间还有中间值的想法似乎是合理的。但实际上，这些中间值不过是我们想象出来的。我们认为它们肯定存在，并相信自己看到了它们。它们就是体感动量——中期动量。

安慰剂效应（动量版）

体感动量带来的是一种安慰剂效应。像所有安慰剂一样，它有时确实能从心理安慰的角度生效。它具有一定价值，但它仍然是我们的思想虚构出来的。我们不能像依赖真正的动量一样依赖它。

你可以像理财经理那样说："过去的成绩不一定能预测未来的表现。"人们经常看到这句话，但总会忽略它。他们会说："但是这只基金已连续 4 年有 20% 的回报率了！"然后金融骗局暴露了，2008 年的金融危机也发生了。

需要明确的是，两周的成功体验会给我们像获得了动量一样的感觉。它以一种令人信服的方式模拟了真正的动量。不同的是，真正的动量不会随随便便消失，但体感动量会，而且经常如此。

当你坚持做某件事 30 天后，你已经对这种行为产生了一些熟悉感，并在获得长期动量方面取得了一些进展，但不是我们一般以为的那种进展。这个阶段的习惯是非常非常脆弱的，一旦没有得到小心的维护，就很容易被其他习惯取代。[2] 你的确取得了有意义的进展，但从动量角度来说，你的状态更接近做这件事的第一天，而不是最后一天。

连续做某件事 30 天通常不会像很多人以为的那样形成会彻

底改变生活的动量,更不用说只做一两个星期了。面对一场需要数年才能赢得的战争,我们为什么只给自己 30 天的时间呢?我知道以 30 天为期的目标听上去不那么令人生畏,但这相当于用错误的程序去执行正确的想法。

当你每天都做某件事并连续做了几天后,坚持下来的结果可以增强你的信心。这样做绝对是有意义的,但不如动量那样有抗逆力。这一点不太容易解释,因为大多数人将动量视为一连串成功的结果,而不是会带来成功的机制。但我认为,接下来的部分会将我的意思阐述明白。

结果带来的信心 vs 过程中获得的信心

以时间衡量的目标、以速度衡量的目标和中期动量都代表同一个概念——在一段时间内寻求一个特定结果。重要的是,尽管这一策略存在缺陷,但它仍然可以产生短期和长期动量。例如,如果你的目标是在一年的时间里每天锻炼一个小时,你实际上进行了锻炼的每一天都会产生短期动量。它可以帮你完成锻炼,让你的一天变得更好。连续这样做几天后,你会创造出少量的长期动量。

这种方法会扼杀动量的原因和问题在于,它注重的是结果。

这使它不可靠，有风险，而且容易突然失败。如果你做某件事是为了达成一个里程碑（结果），而只有得到结果，你才认为自己成功了，那么可以说，你做这件事的动机只是为了得到特定的好处（结果）。这项计划的一切都依赖结果，无论是达到你当天的行为目标还是因为达到目标而得到好处。

问题是，结果并没有那么容易得到。

如果你计划每天做 100 个俯卧撑，这项行为在大部分时候是你可以掌控的，但经常会出现的一些内部因素（动机、疲劳）和外部因素（受伤、忙碌）可能导致你没完成当天的计划。更糟糕的是，即使你能坚持你的计划，达到健身或塑形的理想结果需要的时间也可能比预期中长。连这种你几乎可以完全掌控的行动都存在不确定性和挑战，那就再想象一下那些你必须依靠行动和判断力才能达成的目标吧。

我们设定的大多数目标都是以结果为导向的，这是一个问题。

以结果为导向的目标有自己的运作方式。例如，如果你要修改控制投篮动作的大脑机制，你要做的第一件事就是去掉这套机制中关注每次投篮结果的那部分。你知道为什么吗？因为你上一次投篮的结果与下一次投篮是否命中无关，或者说，至少不应该有关。上一个结果本身是不会在导致下一个结果的过程中起作用的。如果你让它起了作用，这种作用只会是消极的。在真实的人类大脑中，成功和失败可以影响我们的信心水平，继而影响我们下一次投篮的结果。

投篮的结果由两个因素决定——肌肉记忆和执行力。肌肉记忆涉及投篮成功所必需的精准动作。迈克尔·乔丹（Michael Jordan）有一次在一场比赛中尝试闭眼罚球。他有过成千上万次罚球的经验，记得罚球成功所必需的精准动作。是的，他罚中了。

但投篮最准的选手就算拥有经过精确调整过的肌肉记忆，依然会出现投篮不中的情况，这是为什么？因为心理因素会干扰已知技能的执行。

球员命中率之差

和"10 天内获得的动量"一样，篮球运动员"手分冷热"[①]的理论并不全然是无稽之谈，但只是在安慰剂效应的层面上。球员投篮命中率之所以变高，是因为他们相信自己的命中率变高了；他们投篮的次数比平时多了，是因为他们的信心激增了。信心可以提高执行力，因为随着信心增加，球员的担忧更少，投篮时也更不容易分心了。

---

① 在篮球运动中，某名球员连续命中的现象被称为"手感好"或"手热"。——编者注

然而，当一名球员投篮没中时，会发生什么？这取决于球员接受的心理训练。如果他们接受过对注意力的训练，能做到不过分关注结果，上次投篮没中的结果不会对他们下次投篮产生任何影响。但如果一名球员只有依靠出色的结果才能自信地表现（这可能是人类的共性），之前没有命中的投篮可能会导致过度思考、焦虑以及投篮前的犹豫，而所有这些因素都会对投篮的表现产生负面影响。这就是为什么一次没有命中的投篮很容易导致更多次失败的投篮。

高水平的球员会尽量防止失误影响自己的信心或下一次投篮的表现。已故的篮球界传奇人物科比·布莱恩特（Kobe Bryant）曾经被问及另一名球员德隆·威廉姆斯（Deron Williams）在比赛中9投0中的情况。他回答说："相比9投0中，我更愿意30投0中。9投0中意味着你把自己打败了，你在比赛中惊慌失措了，因为德隆·威廉姆斯本可以获得更多出手机会的。他只投了9次，唯一的原因就是对自己失去了信心。"[3]

科比·布莱恩特最著名的特质之一就是他坚不可摧的信心。他的信心并非建立在上一次投篮是成功还是失误之上，而是建立在他自身，在他赛前的准备和他的技术之上。我们可以从这种心态中学到很多东西。

短期和长期动量与投篮机制有共同点。如果你的信心建立在正确的基础上，你自然会得到积极的结果和信心。它们是成功的关键。

被结果支配的愚蠢之处

当你把信心建立在最近的结果上时,一旦结果不好,你的信心就会立即崩溃,还会导致更糟糕的结果。后半句才是真正致命的。这意味着你因为突然失去信心而放弃了创造正向动量(就算你本来能立刻创造这种动量)。你没能达成的目标是否在你眼前重现了?这就是你失败的原因。你本来是没有问题的,却掉进了过往失败的陷阱。

时间管理专家唐纳德·韦特莫尔(Donald Wetmore)博士表示:"据统计,加入健康或健身俱乐部的人里有90%会在90天内半途而废。""90天内"并不是巧合,而正好是中等长度的时间范围——不是第一天内,也不是一两年后。

那些依赖所谓"中期动量"的人,会表现得完全像科比口中的德隆·威廉姆斯,或者韦特莫尔博士的统计数据揭示的那样。这本书的每个读者应该都明白这个道理,因为我们每个人都体验过这种情况。

如果一次失败的投篮可以摧毁你的信心,你早晚会失败,因为没有人能永远"手感好",没有人会有100%的投篮命中率。那些追求中期动量的人在面临阻力时会苦不堪言。

如何取得接近 100% 的成功率

真正的动量之所以特别有效，是因为它能带来接近 100% 的成功率。这是一种数学上的概率。然而，体感动量无处不在。它带来令人沮丧的失败就像带来令人难以置信的成功一样容易。

你如果不相信这些数字，可以自己来判断一下这种情况是否可信。让我先给你举几个例子。

你知道什么情况是最不可能发生的吗？一个人穿上运动服，前往健身房，走进健身房大门，然后就转身回家了的情况。我只要走进健身房，就 100% 会开始锻炼。我肯定会锻炼的，无论时间长短。为什么在这种情况下我们很少半途而废呢？穿上运动服、前往健身房、走进健身房大门这些是我在开始做任何运动之前都会完成的步骤，但它们从来没有让我健身的努力落空过，因为它们都能创造真正的短期动量。这种动量并非建立在认为自己当前或昨天表现如何的基础上，而是建立在我们真正向健身房迈出的这几步的基础上的。这个过程中的每一步都会创造真正的动量，并会将这种动量传递给下一步。这就是为什么在很长一段时间里，我的唯一目标不过是"出现"在健身房里。我知道接下来会发生什么。

你知道还有什么情况是不太可能发生的吗？一个人每天去健身房，坚持了 5 年，然后没有任何原因就再也不去了。为什么呢？因为这时，这个人已经拥有了建立在运动习惯基础上的真正的长期动量。我现在已经坚持健身 9 年了，但我可能属于世界上最懒的那 10% 的人。

一种很令人痛苦但很常见的情况是，一个人打算养成一个习惯，但在 30 天（或更短时间）以后半途而废了。另一种很令人痛苦但也很常见的情况是，一个人设定了一个长期目标，但在两周后就放弃了。我们都有过这种经历。我们有无穷无尽的借口，不是吗？但当你深入探索时，你就会发现问题所在——当动量消失后，目标就会消失。当你把体感动量当作真正的动量时，这种情况就会发生。

体感动量并非一无是处

我已经抨击过体感动量，接下来我会替它说几句好话。体感动量也可以非常有用。就像篮球运动员认为自己"手感绝佳"时会在比赛中表现出色一样，体感动量也可以为我们带来同样的效果。有时，它甚至可以带着我们穿过动量的死角。

那么，问题出在哪里呢？我们想得到出色的结果。我们想获得信心。当你拥有出色的结果和信心的时候，你是可以从它们身上得到养分的。但如果你没有呢？当你某一天状态不佳的时候，问题就会暴露。

如果想通过一种更细致入微的视角来了解动量如何运作，我们需要知道，体感动量（或信心）在中等时间长度内是有价值的，但持续依靠这种中期动量对你是有害的。

当你了解短期和长期动量的潜在运作机制，以及中期动量更接近安慰剂或是信心增进剂的效果后，你会意识到，依赖中期动量是无法成为一种长期策略的。这样一来，你的整个生活方式都会发生改变。

为什么大多数目标是反动量的

想象一下，一队篮球运动员确信"手感好"是提高投篮命中率和取得比赛胜利的最佳方法。于是，他们不再打磨投篮技巧，而是带着获得"好手感"的信念和希望去参加每一次比赛。任何表明他们"手感不好"的迹象都会击碎他们的信心，这样的球队必然是一支表现不稳定的糟糕球队。

大多数人在挑战一个目标时，都会表现得像这支篮球队，完全依靠体感动量。从营销的角度看，这些短期项目试图推动人们做一些事情——吃得更健康、多锻炼、多打扫卫生、减肥、更努力地工作等。"推动"在这里的意思是"从早期的结果中获取动力"。它一开始是能提供动力的，但这种动力的供应总有一天会中断。这是一种对人类行为、心理学和动量的严重误解。但这种理念听起来很令人兴奋，也很受人欢迎，所以关于它的书籍源源不断。

人们会设计一些计划来打击自己，这种现象不奇怪吗？这类计划通常会从两个方面破坏短期和长期动量。

首先，这类计划会鼓励人们挑战那些困难的目标，比如极其严苛的健康饮食、每天 100 个俯卧撑、高强度的健身计划或字数很多的写作课程。这些目标本身是很好的，但对获取动量来说却不是好事。目标就像撑竿跳。你觉得只有跳过那个目标数字才算胜利。当你以 100 个俯卧撑为目标时，你不会希望自己最后只做了 85 个。即使能做 85 个俯卧撑已经很棒了，但你还是没能"跳过目标数字"。如果遵循这种计划，你最可能得到的两个数字是"100"或"0"。当你做不到 100 时，你觉得自己得到的就只有 0。

上述这种"零和"的想法是短期动量的敌人，因为它意味着你只要开始做某件事就必须做完全部，不然就白做了。有时，你不想做完一项艰巨的任务，那么你连开始都不会开始，就会一无所获（这是进步和成功的敌人）。

我们每向前迈出一步都会创造短期动量，这就是为什么开始做事（选择你的方向）总比致力于实现宏伟的目标（冒着无所作为的风险）更有价值。如果你想在开始行动之后设定宏伟的目标，这没有问题，因为你已经用动量确立了自己的方向。

其次，这类计划不会让你做这些事的时间足够长，长到可以改变你的大脑。同样，"习惯会在 30 天内形成"的说法没有任何科学依据，但人们总是痴迷于这些数字。这些通常会在 30 天内结束的计划是无法产生长期动量的。正如我在《微习惯》里所讨论的，我们在关于习惯养成的一项研究中发现，养成一个习惯的时间从 18 天至 254 天不等，平均为 66 天。[4] 习惯的养成需要熟悉感、积极的意图和信任，而不是你需要实现的一个神奇数字目标。

我们讨论过的所有内容都解释了为什么以速度衡量的目标是反动量的。这些目标拖慢了你的速度，还会让你随着时间过去半途而废。与之形成鲜明对比的是，我在坚持了 9 年看似愚蠢的"每天做一个俯卧撑"的目标后，它演变成了连贯的（完整的）运动习惯。它给了我一个去创造短期和长期动量的简单方法。就是这么简单。坚持运动 9 年是我采取这种方法带来的可预测的结果，但它是从这么不起眼的起点发展起来的，是不是很了不起？这就是动量的魔力。[5]

原地踏步困境的考验

如果你仍然认为自己可以通过 30 天挑战成功达到目标，还有一个问题你应该考虑到。这是每个人都会面对的问题，无论你采取什么样的战略。

由于中期目标和挑战依靠的是感知，而不是你创造动量的能力，它们无法通过原地踏步困境的考验。[6]

当（注意用词，不是"如果"）你体感动量为负或在减少时，会发生什么？当（不是"如果"）你觉得自己陷入了原地踏步的困境，会发生什么？如果你依靠的是感知，你会更深地陷在原地踏步的状态中，无法自拔。

这就是我们常犯的错误。我们经常让自己的状态随着对处境的感知起伏，但原地踏步的困境其实只在你认为它存在的时候才会困住你。让我来解释一下。

假设你一直在犯错误，已经偏离你的梦想之路太久了。从这种情况下出发，你有一个选择。你可以相信原地踏步会继续困住你，也可以相信自己有能力摆脱它。

未来的事只有这两个方向。

从一个人产生正向动量的那一刻起，从理论上说，他就已经不再原地踏步了（短期动量的作用）。如果他在困顿中的行为已经变成习惯（长期动量），他可能需要做出更多努力，但出路是一样的——坚持每天创造正向动量。

例如，假设你认为或感到自己被困在一种原地踏步的不健康状态中，每天不运动，吃得也不健康。此时此刻，除了你的想法之外，还有什么障碍在阻止你下一顿饭吃得健康？是什么实际障碍在阻止你出去散步、举哑铃还有跑步？

我不是在说实现整体改变需要你付出的全部努力，我说的是你要做的单次努力。是什么阻止了你？只有这样的心理活动会阻止你：改变听上去比做起来难；需要制订一个完美的计划才可能开始改变；一顿健康的饭菜对改变来说是远远不够的；你想实现的改变实在太难了，难到你永远无法开始或永远觉得自己做得不够。**是你看待自己处境的方式创造了这种原地踏步的困境，并让你持续深陷其中。**

这就是关注结果以及你为了这个结果需要努力的天数带来的毁灭性伤害。它让我们过度依赖我们对目前状态的感知，让我们无法静下心来从简单的步骤开始创造真正的动量，阻止我们走上更好的道路。

现在，如果你已经开始锻炼并在锻炼结束后吃了一顿健康餐，这对你持续的不健康状态来说意味着什么？它意味着此时此刻你已经不再原地踏步了。如果你目前正充满成就感地站在山顶，你又怎么可能还在原地踏步呢？原地踏步的状态只存在于脑海中，因为我们有通过在现实世界中的真实行动和行动创造的动量摆脱它的能力。

你能看到体感动量，无论是正向的还是负向的（基于感觉和结果判断），会如何摧毁我们吗？

- 我们经常把正向的体感动量放在比真正的动量优先的位置上。这只会带给你表面上的进步，它完全依靠你感知到的正向动量而存在。而这种体感动量是很脆弱的，可能出于任何原因毫无征兆地消失。
- 负向的体感动量会人为地阻碍我们进步。这就好比在一个人眼里，面前是一处危险的悬崖，但实际上这里只是一条整洁的人行道，附近还有一个卖柠檬水的小摊。他本可以轻轻松松地走过去，但他不会这样做，因为他对往前走的后果以及可能付出的代价的幻想吓退了他。

体感动量扮演的角色是很明确的。当你遇到正向的体感动量时，你可以利用它并从中受益，但不要期望下次可以依赖它，因为它是来去匆匆、无法把握的。

举一个现实世界中的例子。我可能会认为我今天已经写了能写的一切，觉得自己的动量和创造力太弱，无法继续写作了（体感动量）。但在这样想之后，我其实可以设定一个小目标：再多写一个句子或段落来创造真正的动量。你可以试试这样做，我遇到过这种情况很多次。在通常情况下，我会发现，体感动量消失的情况完全是我的大脑捏造出来的。

在我写下这句话的这一天，我感觉自己处于多年来最艰难的写作瓶颈中。尽管我处于这种原地踏步的状态，但我仍然开始写了。当时，我甚至没有自信能写出一段文字。但过了6个小时，我还在写。我的手感越写越好了。

体感往往是错误的，特别是关于动量的体感。你总会对自己当前的状态有某种感知，但只要你不向这种感知举手投降，而是依靠激发真正的动量来行动，你会摆脱大多数负向体感动量的拘束（就像我那天做的那样），并借着正向体感动量的势头，趁它持续之时为你的进步加油。

我的写作陷入困境的原因，正是我在前面提过需要注意的问题。在我之前的两次写作过程中，我无法集中精神，没有合适的思路，盯着空白的页面，就是写不出来。**我让前几天的体感动量影响了自己后一天的写作表现，就好像前几天的表现真有什么意义一样**。我让它阻止我产生真正的动量了。今天，我看到了这样做的代价。我本来在好几天前就能连写6个小时了，但我迟迟没敢放手去做，因为我认为自己陷入了原地踏步的困境。

你和我都不可能完美地做到这一点。没关系。重要的是知道动量如何运作，并尽可能放手去创造它。你做得越多，你行为的结果就越稳定。养成远离体感动量、转而创造真正动量的习惯需要一些时间，但这种做法一定是值得的。

科技是罪魁祸首吗

我们会有渴望快速获得结果、希望体感动量能直接将我们送上顶峰的想法，肯定是有原因的。我认为，这原因或许并非出自市面上的许多自助书籍，而是受到了现代科技的影响。

科技会让人失去耐心。我刚刚数了一下，我在墨西哥餐厅奇波特尔（Chipotle）的应用程序中只需点击3次，就能让一份墨西哥沙拉在30分钟内被送到我家门口。只需不到10秒，我就能查到一条大白鲨游得有多快（大约56千米/小时）。现代社会设计了许多这样的工具，可以立即送来我们想要的东西，或至少让我们离它们更近。但既然我们还没有达到改造人类身体的科技水平，我们就必须继续遵循缓慢运作的古老大脑系统的规律。

用一周集训来开启瘦身计划听起来像一个有趣、令人兴奋、高科技并能快速达成目标的方法，但它其实不是。这种计划中的大多数都是充满设计缺陷、让你进步缓慢、对动量有害无益的方案。

体感动量本身是个好东西，真的，但它同时也极其不可靠。只要你觉得它消失了，那它就再也回不来了。如果有一天你觉得累了，没能完成目标呢？你的体感动量会消失。如果你取得的结果不够理想，让你思考之前的付出是否值得呢？你的体感动量会消失。如果你觉得今天自己打不起精神来投入高效的时间和努力呢？你的体感动量会消失。

当然，好消息是，连续几天感觉不好并不意味着你注定会失败，只意味着你最近没有选择去激发短期动量，或者产生的动量比你期待中弱。你今天可以再试一次。

真正的动量就像一块巨石从山上翻滚而下。巨石不在乎你是不是希望它滚下来，它的滚落是势不可当的，不会因为你有什么异议而停止。相较之下，体感动量就好比一段在古老的 Windows ME 系统上播放的巨石滚落的动画。

每天创造动量

下面是我想和你分享的精华。如果你认为我关于真实动量和体感动量的整章分析都是没有实质内容的表演，看看这个吧。这段话指出了你应该如何从现在开始在生活中应用动量。

无论你打算做什么，都先想想下面这段话。它会让你势不可当。

建立长期动量需要几个月到几年，而在此之前，你有责任在

对你重要的领域里以天为单位创造短期动量。这意味着你正朝自己选择的方向前进，即使你只向前迈出了一步。

这个方法非常有效，值得再三强调。无论在哪个领域内，我们做事失败的主要原因都是误以为真实动量很容易创造，或者自己天生就具备。我们误以为坚持做某件事一个星期或一个月以后，我们就可以靠惯性"轻松获胜"。大错特错。这是因为我们还没有创造出长期动量（长期动量并非万无一失，但它是强大的，是我们的最优选择）。

在做某件事时，要把每一天都当成第一天，去创造短期动量。这是很容易做到的，我在第二章中已讨论这个问题。随着时间过去，你获得的结果会像圣诞节的雪花一样闪耀。

按上面这段话去做以后，你最终会进入一个正向动量的旋涡。首先，你会更擅长创造正向的短期动量，而它可以应用的地方不计其数。其次，你产生动量的所有领域都将给你带来长期红利。

THE MAGIC OF MOMENTUM

> 第五章

原理 4：你的一切行动都会造成指数式的连锁反应

我已经介绍过动量的基本原理。我们知道它会如何在短期和长期发挥作用,并已经知道要避免体感动量的陷阱了。现在,是时候看些令人兴奋的东西了。我们来看看它能为我们做什么。

在这第四个也是最后一个原理中,我们将探索动量的数学意义,但它比大部分数学内容更令人兴奋。行为动量不是呈线性增长的,而是呈指数式增长的。你创造的每一点动量都会创造更多的二级动量,这些二级动量又可以创造更多三级动量,让你的原始动量成为后者的"祖母"。

业余棋手和大师的区别

在国际象棋领域,业余棋手和大师的关键区别在于,业余棋手(比如我)只会考虑接下来的1—3步,而挪威棋手芒努斯·卡尔森（Magnus Carlsen）这样的大师有时可以想到接下来的15—20步（他的大脑估计有20千克重）。如果我们也能像这样去思考我们的行动，会怎样？

我们的每一步行动都具有动量转移的属性，会影响接下来的几步行动，而这些行动又会产生自己的动量，去影响进一步的行动。在考虑自己的行动时，不成功的行动者会像业余棋手一样思考，只关注行动的初始影响。成功的实干家则会像大师一样思考，因为他们可以想到一个行为现在和以后产生的连锁反应，以及这将如何影响他们实现目标和梦想。[1]

在我的作品《减肥行为学》中，我提到了我一直以来最喜欢的名言之一（见右栏）。它讨论了食物、能量和生理过程之间复杂的相互作用，显示了一个小动作会如何引发剧烈的连锁反应，影响整个系统。

人们经常将体重变化过度简化为摄入和消耗的热量，但这种简化忽略了一个人的神经

> 你的饮食会影响你消耗能量的方式。同理，你怎样消耗能量又会影响你吃什么（以及怎么吃）。更微妙的是，你现在吃什么会影响你以后吃什么。你发胖（或变瘦）后，这些变化又会影响之后你消耗能量的方式。
>
> ——加拿大医生、长寿与健康专家彼得·阿提亚（Peter Attia）

心理学（行为与大脑活动之间的关系）过程、人与食物的关系以及至关重要的生物心理学（行为与生物过程之间的关系）方面的互动。举个例子。当一个人通过忍饥挨饿的方式减掉很多体重（典型的节食者）后，他们的身体会反击。小细节很重要，是因为它们会产生涟漪般的连锁反应。

神秘的涟漪

我们相信，大范围的涟漪可以由一个小物体撞击水面引起，因为我们都亲眼看到过涟漪快速产生的整个过程。在我们的生活中，动量产生的这种涟漪也是真实存在的，但它们是看不见的，而且发生在许多时间段中，通过不同的行为逐渐展开。所以比起一石激起千层浪，它们更难被看到和相信。

我们在连锁反应发生前很难预见它，在它发生时很难相信它，在它发生后却很难否认它。

具体说明动量产生的不同的指数式连锁反应是有好处的，能让我们更容易预测和发现它们。我已经介绍过前两个——短期和长期动量了。

动量的连锁反应

你采取的每一个行动都会产生三种动量"涟漪"（见图3）：短期动量、长期动量和周边动量。

图3　三种涟漪

你在图中看到的顺序，并不适用于每种情况。周边动量可能会紧接着短期动量产生，也可能发生在某个领域内长达7年的长期动量之后。重要的不是这三种动量的反应顺序，而是它们存在的事实。

由于我已经介绍过短期和长期动量,我们来看看涟漪的最后一圈。周边动量蕴藏的能量是不可估量的。

周边动量

每一个行为都会引起"涟漪",产生其他想法、感受、影响和更多行为,这些想法、感受、影响和行为本身又会引起更多"涟漪"。

我最近才意识到篮球在我的生活里有多重要。虽然篮球只是一种比赛、一项运动,但它在我生活的周边创造的动量是巨大的,它对我的生活产生的影响力大到让我感到惊讶。当我打篮球时,我也会获得如下附加好处:

- 减轻压力
- 改善健康状况
- 让身材变得更好
- 增加人际交往
- 结识新朋友
- 获得自信
- 睡得更好

这些领域中的每一个都会带来自己的一套短期、长期和周边动量。这些是无法被量化的。让我们看一个例子：打篮球如何改善睡眠。

有时，我很难进入深度睡眠，而且就算睡了 8—10 小时，醒来后也会感到昏昏沉沉。但当我打了几个小时的篮球后，我发现我那天晚上睡得就像美洲狮一样沉，而且第二天早上会比平时起得更早，感觉神清气爽，休息得很足。（美洲狮睡得好是因为它们属于猫科，猫科动物可是睡觉的大师）简言之，在睡觉这件事上，篮球对周边区域产生的影响堪称神奇。

现在，来探索一下周边区域的周边，思考一下精力充沛地早起和疲劳不堪地晚起的影响。这种差异无法被量化——它会影响到我做的其他一切事。更高效的睡眠让我每天多出了一个小时的可支配时间。这还只是打篮球的一个周边区域的周边区域。结论是：打篮球的影响大到无法表述。如果我连一圈"涟漪"产生的"涟漪"都无法量化，我又如何量化打篮球带来的全部影响呢？打篮球这件事简直像超高速恒星一样超出了我的想象。

打篮球（或其他任何事）都不是一个孤立事件。当我选择打篮球这项运动的时候，我就在很多层面上丰富了自己的生活，其中许多是我没有意识到的（例如增加了血流量，改变了营养在体内的分布和身体细胞的活动过程）。就像所有呈指数式增长的事物一样，打篮球的影响很快就会变得过于巨大，大到任何人都无法理解的地步。循着许多切线中某一条的方向，周边动量会一层一层永不停歇地传递下去。

打篮球→更好的睡眠→更多的能量→更早起床→自我感觉更好/没有赖床的内疚感→更自信→征服世界→收集无限宝石→赶走灭霸→与绯红女巫结婚→与美国队长和钢铁侠开派对……

我承认打篮球其实不会让我进入漫威电影宇宙，但以生活中的任何一个真实事件为例，你都会发现受它影响的几个周边区域。更自信会如何对我的感情生活或事业发展形成助力？感情和事业方面的改善会如何影响我生活的其他领域？

如果你想看到一个行为产生的所有"涟漪"，以及这些"涟漪"引发的"涟漪"继续引发的"涟漪"，这就像试图理解宇宙的大小或世界上的沙粒数量一样，是不可能办到的。仅仅一个动作蕴含的潜在动量就有这么大的能量。我们之所以很难看到这个过程，是因为我们的生活是由许许多多行为组成的。

有些行为对我们有益，有些会伤害我们，还有许多兼具好处和坏处。这些具有混合影响力的行为共同创造了我们所知的生活。全部变量的复杂性掩盖了每一种行为的不可思议的力量，就像许多橡子同时被投入水中时一样。在波涛汹涌的水中，一颗橡子产生的波纹几乎是不可能被看到的。

连锁反应示例

让我们看一些展示动量整体框架的具体例子。

如果你选择锻炼：

1. 你更有可能继续锻炼，而不是停止锻炼（短期动量）。
2. 你更有可能在未来继续锻炼（长期动量）。
3. 锻炼可以帮你睡得更好，改善你的情绪，并增强你的自信（周边动量）。
4. 每个受影响的周边区域都会产生自己的动量链。例如，通过锻炼，你的情绪可能在短期和长期内提高，而你在心情好时做出的举动可能会给其他人带来一天的好心情。这是一件真事：一天，一个男人在一家汽车餐厅里为等在他后面的车主买了单。他不知道的是，那个人那天正打算结束自己的生命。陌生人意想不到的善举扭转了那个人自杀的念头，于是后者决定活下去并帮助其他人（指数式增长的周边区域）。[3]

如果你选择吸毒：

1. 你更有可能继续吸毒，而不是戒毒（短期动量）。
2. 你更有可能在未来继续吸毒（长期动量）。

3. **毒品**会产生一些可怕的副作用，导致失业甚至死亡（周边动量）。
4. 每个受影响的周边区域都会产生自己的动量链。例如，失业会让你现在和以后都很难找到工作，而这可能导致你无家可归、陷入绝望。染上毒瘾也会给医疗机构和家庭带来巨大压力（指数式增长的周边区域）。

如果你选择练习吉他：

1. 你更有可能继续练习吉他，而不是停止练习（短期动量）。
2. 你更有可能在未来继续练习吉他和其他乐器（长期动量）。
3. 你会提高手指的灵活度和力量，降低压力水平，提升情绪，并掌握乐理知识（周边动量）。
4. 每个受影响的周边区域都会产生自己的动量链。例如，弹吉他可能会增强你的自信，促成一段浪漫关系，从而让你成为一名父亲（指数式增长的周边区域）。这样的因果链听起来有些离谱，但实际上是非常可能出现的。

每一个行为都会产生三种类型的动量，有可能给你的生活带来一系列指数式增长的反应。了解这一点后，预期中的行为在我们眼里就变得和以前完全不同了。不是吗？它们带上了一定的分量。至于分量多重，不取决于它们的规模，而取决于它们带来毁灭或成功的潜能。

需要明确的是，这不是一种理论。你现在就可以证实我所说的是真的，因为它在你的生活中已经发生了。想想你一生中犯过的最糟糕的错误或取得过的最好成就吧。

让我们从坏的方面开始。你最严重的错误可以追溯到一些虽然很小，但会像滚雪球一样让事态失控的选择和行动。

微小开端带来的负面结果

这样的例子有：

- 与某个人共度时光的微选择
- 忽视你生活中某个方面的微选择
- 只尝试一次某种危险事物的微选择
- 再给某个人一次机会的微选择
- 忽略一个微小但明确的危险信号的微选择（这一点刚刚让我损失了 5000 美元，导致我无法用这笔钱进行复利更高的投资）

你的成功可以追溯到看似无关紧要的事情上，因为它们会像滚雪球一样累积成惊人的机会或结果。无论是个人还是公司，这一点都成立。每家大企业都有一个关于不起眼的起点的故事。一些公司的建立甚至完全在计划外（比如苹果公司）。

微小开端带来的积极结果

这样的例子有：

- 每天做一个俯卧撑（或任何其他微习惯）的微选择
- 花时间跟睿智的或能激励自己的人相处的微选择
- 勇敢且明智地冒一次险的微选择
- 和心理治疗师谈一次话的微选择
- 求职、创造一个最简可行产品或尝试开展新副业的微选择
- 冥想、写作、阅读本书这样的励志书籍或练习一种技能的微选择

到目前为止，我生命中最大的成就是我写的书带来的成功及其造成的影响力。它们现在有 20 多种语言的版本，帮助成千上万的人（包括我自己）获得了更好的生活。这条路始于我抱

着试一试的态度花 10 美元买的域名 deepexistence.com，而这只是因为我读了一篇关于如何写博客的博客。而我之所以看这篇博客，是因为我一时兴起读了一本让我对个人发展产生兴趣的书——戴维·艾伦（David Allen）的《搞定 I》（Getting Things Done）——是这本书让我对写作产生了兴趣并通过写作来探索自我发展的道路。而且，相信我，这甚至不是整条因果链中最小的那个起点，但我就不细说了。

这条因果链的尽头，是我的书被翻译成 20 多种语言的成绩。这一连串事件的起点不过是我在读大学时因为感觉自己的生活有些缺乏条理，于是通过阅读来改进一下的尝试。使我取得最大成就的初始行为是如此随意和微不足道，看起来有些尴尬，但人生总是这样的。

恋爱也是如此

我们和自己未来的伴侣初遇的那一刻是一个改变了我们人生轨迹的难忘时刻。然而，我们在回想时总会觉得当时的场景要么滑稽，要么有趣。这是因为和我们后来赋予初遇的重大意义相比，我们当时的举动可能显得奇怪和漫不经心。

我目前还没结婚，但我可以用某位前女友来举例。我是在一次派对上遇到她的。当时的场地上有一些巨大的弹力球,在我和她说第一个字之前,我踢了一脚球。球砸到了她脸上。是的,干得好,斯蒂芬。当然,我忙不迭地道了歉,然后我们便开始交谈。我们谈了一年恋爱。在那段感情里,我学到了很多。

我的一些行为给我的人生带来了改变,包括踢一脚弹力球、因为一时兴起买一本书和做一个俯卧撑。这样看,我们可以用最不起眼的行动成就大事。

然而,把一个弹力球踢到陌生人脸上和一天做一个俯卧撑之间有一个关键的区别:一个是偶然的,另一个是刻意的。无论我们做什么,生活中总会有大事发生。但如果我们在生活中有目标,并意识到动量的力量,我们就能有意地把简单的微小成就感变成巨大的胜利结果。

最微不足道的行动一旦引发动量方向的逆转,便可以让你摆脱看似不可逾越的困难。

攀爬堤坝的启示

有一段在 YouTube 上播放量超过 1.66 亿的大热视频,展现了野山羊爬大坝的景象。大坝的墙面几乎是垂直的,但是凹凸不平。如果大坝非常光滑,这些动物就不会有机会爬上去。但是,有纹理的岩石只要仅向外凸出几毫米,野山羊就可以用它锋利、凹形的四蹄获得足够的立足点来爬上爬下(见图4)。[4]

如果我们是野山羊,大坝顶端代表着我们想达到的人生目标,那么就把动量想象成大坝岩石上让我们能爬上去的小纹理。正是因为这些不明显的小纹理,这项难以置信的壮举才得以达成。在回头看自己走过的路时,你会想:"哇,我是怎么通过这些小纹理爬到大坝上面的?这可太神奇了。"

我们习惯性认为,拥有力量的事物是很容易被看到的——一

图 4　攀爬大坝的野山羊

定很明显，引人注目——但人类生活中的动量在大多数时候都是我们几乎察觉不到的，就像波涛汹涌的水中一颗橡子激起的涟漪，或大坝岩石上的纹理一样。这是一种微妙而稳定的力量，能引领我们取得巨大的成就。

到目前为止，我们已经确定，动量是非常重要和精彩的力量，可以改变我们的生活。我们也了解到，动量比我们想象中更容易产生，通常是以细微、不引人注目的方式开始的。

在下一章中，我们将研究一些影响动量的力量。我们对生活中动量的产生、持续、停止和逆转的具体方式了解得越多，就能越好地控制动量。但首先，让我们进入一个简短的附加环节。

精益求精的良性循环

对某事的精通会让动量出现滚雪球般的效应——你某件事做得越好，它对你就越有吸引力。它越吸引你，你就越愿意做。你做得越多，就做得越熟练，于是这个循环就会重新开始。

你可以想想各种领域内的一些最成功的人物，他们似乎都进入了这种精益求精的良性循环。泰格·伍兹在高尔夫球领域非常成功，获得了一个人一生中能想到的全部名声和认可。你觉得是什么给了他努力的动力？只是多打高尔夫球而已。

在职业生涯到达顶峰后,伍兹本可以就此改行,比如从职业高尔夫球手改行去做职业拼字游戏选手。他可以每天晚上背字典,记住那些生僻词,然后去参赛。奇怪的是,他仍然坚持打高尔夫球,尽管他球技精湛,并已经通过这项运动获得了巨额奖金和人们的钦佩。噢,等等,这听上去真不错。也难怪在我写下这段话的时候,他已经打了 25 年(他的职业生涯始于 1996 年 8 月他 20 岁时)职业高尔夫球了。

对某一领域的精通程度越高,获得的回报就越高。这些回报包括你从精通这件事中获得的满足感。

工作带来的满足感

人类渴望成为有用的人。退休对一些人来说是痛苦的——你从为公司、家庭和社会做贡献的人,变成了用打高尔夫(非职业的)和看电视打发时间的人。如果你愿意以这种方式生活,那没问题——我是一个很懒的作家,因此不会对此做任何评判——但这种转变并不是每个人都能接受的。

你可能想不到会从我口中听到这句话——我不打算退休。

> 真正的快乐来自做好某件事的喜悦和创造新事物的热情。
>
> ——法国作家安托万·德·圣-埃克苏佩里(Antoine de Saint-Exupéry)

我喜欢退休后的生活方式，而且已经在某些方面效仿了这种生活方式。[5] 比起工作，我总是更喜欢玩，我的"懒惰面"占据了我头脑的85%。但我在创造性工作中获得了极大的满足感，尤其在我越做越好的时候。

精通某件事是一口带来源源不断满足感的井，动量的原理是告诉你如何精通某件事。我将在本书后面的章节更具体地讨论创造动量的策略。

THE MAGIC OF MOMENTUM

第六章

环境、努力和动量

当汽车发动机产生的力超过其他力，比如摩擦力和风力时，汽车就能开始运动。如果汽车在山脚下翻了，怎么办？那它的轮子就不能抓住地面了。即使能抓住，它爬陡峭的山峰也会很吃力。和物理学中的力学原理一样，行为动量也是由互相竞争的力决定的。最强的力决定了行为动量最终的方向。

动量的原理 1"你最有可能继续做你刚才在做的事"在反作用力过大的环境中可能无法发挥作用。

如果我向前迈出了一步，在大多数情况下可能还会继续向前迈出一步。但如果我朝一堵墙迈出一步，我就不太可能再迈出一步了（除非我穿着反重力的鞋，或者有野山羊的攀岩技能）。环境不会使动量的原理失效，但它可以在极端情况下阻碍它发生。

你听说过运动性荨麻疹吗？虽然我们的社会文化把运动视为一种有价值的追求，但有这种疾病的人对运动过敏，会在运动后出现典型的过敏反应，比如荨麻疹。有些人的过敏反应甚至会危及生命，你不可能在威胁你生命的领域内创造动量。

你所处的环境可能给动量和成功增添阻力（有些阻力几乎是不可能克服的，比如运动性荨麻疹）。能够认识、避开、逃离或改变消极的环境，寻找对自己有帮助的环境，也是成功的重要因素。

环境也可以让成功变得更容易

想象一下，一块巨石在山顶上保持着微妙的平衡。无论你用手指轻推巨石还是用拳头猛击它，环境都会弱化你所施加的力的差异——因为它在山顶上——任何把巨石推下斜坡的力，无论大小，都会在重力的作用下产生巨大的动量（见图5）。

当你所处的环境替你完成了大部分工作时，较小的努力就可以产生与巨大的努力相同的结果。你只需要去做。

环境不仅包括物理上的，也包括精神上的。你的精神环境是由你使用的"体系"创建的。一个苛刻、批判性的节食减肥体系会让你因为吃了一小块糖而无地自容，因为它在你的食物选择方面创造了一个"不能搞砸"或"如履薄冰"式的环境。然而，一个专注过程、不苛刻的体系会让你感到轻松并充满力量。如果环

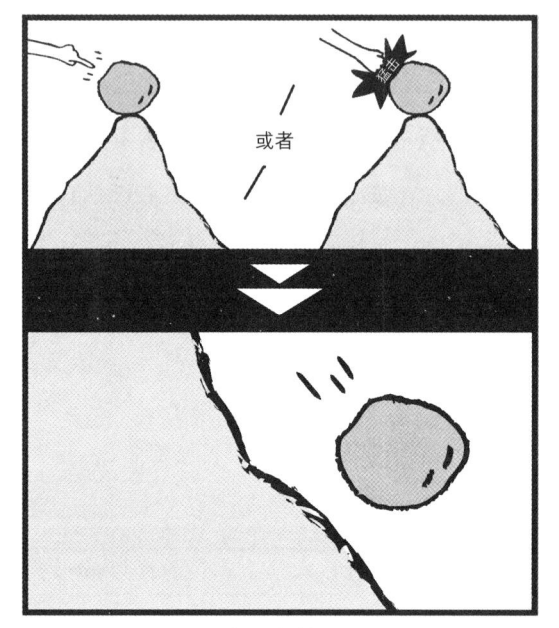

图 5　山顶上的巨石

境不需要你做到完美,只需要你去轻轻戳一下山顶上的巨石呢?不同的视角和方法会带来截然不同的结果。

无法搬动的石头

如果没有合适的器具,想搬动山脚下的一块巨石几乎是不可能的。如果你的努力是徒劳的,尝试又有什么意义呢?可能根本没有意义。那些经常开始朝一个目标努力又半途而废的人都很清楚这种感觉。还是去试试做其他事，或者换个地方做吧。在生活中的某个时刻，每个人都尝试过改变一些他们身处的环境不允许改变的东西。

示例 1：你可以是世界上最好的沟通者，最体贴、最忠诚、最完美的人。总之，你会把 100% 的爱投入一段成功的关系中。但如果你和错的人在一起，也许对方不愿意在这段关系中投入，那么这段关系还是会失败。

示例 2：假设你想减肥和塑形，你试着每天锻炼两小时。如果你还维持着吃比萨饼、喝啤酒的饮食习惯，即使你能坚持艰苦的锻炼，你的减肥效果也不会很好。锻炼在这种饮食环境中也不可能带来显著的效果（除非你有特殊的基因或者很年轻）。你也许下定决心要吃得更健康，但如果你的房间里堆满了不健康的食物，你可能会失败，因为不断有零食在诱惑你。

积极的改变本身就很难实现。如果你同时还不得不跟恶劣的环境做斗争，你的胜算会更低。相反，如果你轻松地向前迈一步就可以取得丰硕的成果，因为环境对你是有利的（山顶上的巨石），那么它就会鼓励你采取行动并取得成功，因为在这种情况下你通常能看到并感受到哪怕最小的努力也会带来大回报的事实。一个积极的环境可以让你的努力更上一层楼，并最终演变成巨大的成功。

环境越接近中性，它就越不重要，同时其他因素对结果的

影响就越大。想要实现我们理想的生活目标，我们需要中性与积极的环境。

改变你的环境

一天，我在健身房里告诉别人，我的体重涨了快 5 千克，因为在新冠疫情封控期间我没法在完整的场地上进行我有生以来最喜欢的有氧运动——打篮球。当然，我试过绕着街区跑步，但即使只是跑几分钟都感觉像在不情不愿地工作（站在山脚下），而打两个小时篮球是毫不费力的乐事（站在山顶上）。此外，我家里的环境也出现了变化——啤酒变多了。这一点我会在后文详细讲。

积极的一面是，疫情期间，我经常在家里健身，因此我在家里付出的努力实际上比以前更多。但我在家里的努力得到的结果可能只有在健身房的 1/3，因为去健身房运动的习惯已经产生了持续终生的动量，而在家运动对我而言是一种新的锻炼方式。我通常一打篮球就是两个小时。在家运动时，我虽然维持了很高的运动频率，但感觉没有打篮球那么轻松，时间没有那么长，强度也没有那么大。

不过，近些日子，我在我自家的"健身房"用比以前更少的努力取得了更好的效果。我更新了器械，让在家健身这件事变得更有吸引力，与此同时还在器械旁放了一台电视，边运动边看体育比赛。另外，在过去的几年里，我也对这种健身方式越来越熟悉了。我为创造这样的环境和动量花了不少时间，但现在看来，我觉得很值得。

当我告诉我的篮球球友我长胖了时，他说："才 5 千克？我胖了 27 千克。"疫情给大多数人带来了巨大的环境变化。与我和这位球友的体验不同，我的另一位朋友在疫情期间的运动成效比以往任何时候都大，因为她有更多时间在家锻炼了。这个例子的重点不是封控生活必然会带来消极影响，而是环境会影响我们的结果，我们应该注意它在每种情况下对我们造成的影响，并根据需要进行调整。

积极环境的基本要素：

- 一个更干净的居家环境会减少压力，让人思路更清晰。
- 符合人体工学的办公桌椅会减轻痛苦，还有助于预防慢性肌腱损伤，如腕管综合征（鼠标手）。
- 光线的颜色和强度会影响你的情绪、精力和激素水平。例如，我家采用的智能照明系统在日落后会自动变成偏红色的光。为什么是红光？因为蓝光会延迟褪黑素的分泌，干扰睡眠，而红色就没有这个缺点。

- 蜡烛/熏香、画作、日历、室友、室内温度、室内摆设、家具等因素都可以影响你的心情和行为。
- 尽量创造一个让你更容易过上理想生活的环境。一旦你创造了一个中性或积极的环境，那么就只剩一件事要做了：轻推那块巨石。不是想象自己轻推它的样子，也不要去寻找让自己轻推它的动力。直接伸出手去，实实在在地推它一下。

思想、感受和行动：人生经历的三件套

啊，人生经历。它可能很精彩，也可能很可怕。这取决于你问什么人（以及什么时候问）。生活中你可能体验到的一切形式的经历可以被分成三个部分。

> 行动不一定会带来幸福，但不行动就不会有幸福。
> ——英国政治家
> 本杰明·迪斯雷利
> （Benjamin Disraeli）

- 我们的思考
- 我们的感受
- 我们的行动

我们通过思想、感受和行动（不一定以这个顺序）来体验世界。我们的力量在于我们决定如何指挥这个系统，使其为我们带来最大的利益。这里有很多因素需要考虑，从各种循环到连锁反应。让我们从这六个重要的事实开始（见图6）。

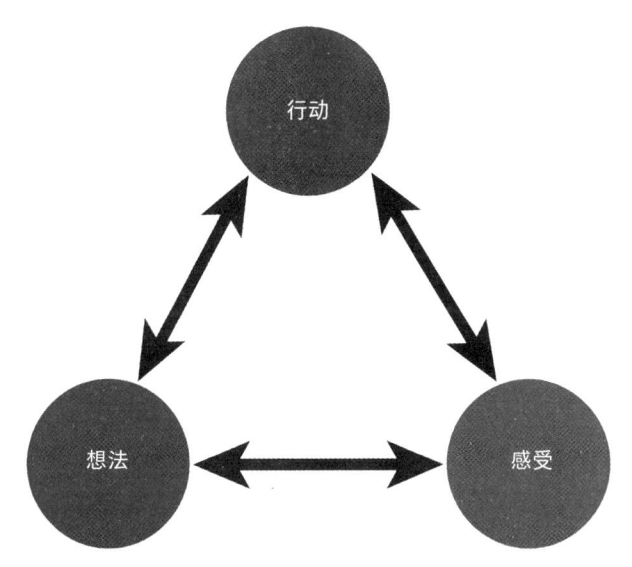

图 6　互相影响的因素

- 我们的想法影响着我们的行动
- 我们的想法影响着我们的感受
- 我们的感受影响着我们的想法
- 我们的感受影响着我们的行动
- 我们的行动影响着我们的想法
- 我们的行动影响着我们的感受

更简单地说，上面的所有因素都在互相影响。无论我们选择三角形的哪一端，这个选择都会对另外两端产生一定的影响。问题不在于哪一个"起了效果"。你可以通过改善这三个因素中的任何一个来得到结果，因为它们中的每一个都具有动量，并会影响其他两个。但我们需要知道哪一个最有效，是带来最大变化的催化剂。这个因素就是行动。

行动取代思想和感受的原因只有一个——它是客观的，而思想和感受是主观的。例如，如果你认为自己不是一个高尔夫球手，但你每天都打高尔夫。你猜怎么着？你还是个高尔夫球手。如果你觉得自己不是高尔夫球手，怎么办？抱歉，但你就是高尔夫球手，只要你打高尔夫。而且这样打下去，你迟早也会认为并感觉自己是一名高尔夫球手。

行动之所以排在首位，是因为这个因素是确凿无疑的。思想和感觉有时会在我们的生活中占据高地，但我们采取（和没有采取）的行动最终会主导我们的思想、感受和生活轨迹。思想和感受也会影响行动。它们可以强大到让我们偏离原来的轨道，但如果你想在生活中做出积极的改变，用行动来引导另外两个因素才会带来最好的结果。

在某些情况下，思想和感受会显著地（并以消极的方式）影响一个人的生活，但解决方案并没有什么不同。当思想和感受凌驾于行动之上时，我们就会遇到问题。如果你遇到了思想和感受带来的问题，解决办法通常就是行动，因为行动是生命的源泉。有什么比消极的想法和感受更具破坏性的吗？有，那就是无所作为。

我们需要行动优先，但要以一种聪明的方式行动。我们知道行动需要能量，但我们同时也需要能量来决定要在什么时间采取什么行动。如果你没有建立起管理这些行动的系统，你可能会发现，你在开始行动之前就已经筋疲力尽了！我们如何才能解决这个问题？答案是，通过被动效率系统。

节省精力的被动效率系统

"效率高"指的是在生产中达到或创造数量可观的结果。但追求高效时产生的压力有时是有害的。这种压力来自对何谓生活和卓越的狭隘看法。例如，如果你比以前多生产了50%的内容或金钱，最终却导致心理健康恶化，这就造成了一部分高效率、另一部分低效率的结果。你有了更高的产出，但同时也得到了一个明显的负面结果——心理健康状况不佳。

因此，效率不仅仅是数字和目标。它还必须将生活质量、休息情况甚至幸福感纳入考虑。换句话说，我们必须在努力创造内容、金钱和进步的同时拥有高水平生活质量、健康和快乐。

真正的高效率需要的不是最大化你拥有的精力，而是用最好的方式分配它。如果你唯一的目标就是最大化你的精力，那么你只会事与愿违。这和成功减肥背后的道理是一样的。一项研究发现，希望减肥的受试者比仅仅试图保持体重的人表现得更糟。[1]当你拼命扩充自己的精力时，盲目的进攻会蒙蔽你的双眼，让你看不到有可能逼迫你后退的威胁。

职业倦怠（burnout）是职场上一个越来越普遍的问题，这个概念指的是过度工作导致的身体和（或）精神上的一种被迫的后退。陷入临床性职业倦怠的人往往只能用休假来解决问题。这可不是我们理想中的状态，也谈不上高效率。

当你考虑如何合理分配你的精力时，你会在设法前进的同时尊重人类对休息和娱乐的需求。如果一个人的工作效率很低，他很可能没有分配好自己的精力，要么用得不够（导致无精打采），要么用得太多（导致精疲力竭）。

如果你已经提前规划好了自己的一生，那么你可能遇到的最大风险就是职业倦怠。如果你对自己生活中的任何领域都没有做过提前规划，那么你可能遇到的最大风险是停滞不前。如果你已经建立起一套系统，能让你规划一部分生活并适应各种环境，那么你就更有可能分配好精力，拥有可持续且令你感到愉快的工作效率。

为什么被动式系统最有利于提高效率

效率系统是用来管理生活中未经提前规划的领域的系统。你下班后打算做什么？你需要决定是陪你的狗玩、学习一门新的语言、写作还是在空闲时间开始搞副业。这些不属于人生规划的领域会带给你人生中一些最令人满意、最有用也最有意义的机遇。

如果你的效率非常高，你就会像火车一样。在运输货物时，火车比公路上的卡车要节能好几倍，而这一切都与轨道有关。轨道总是被动地引导着火车朝正确的方向前进。在这里，被动指的是一种顺其自然、水到渠成、阻力很小的状态。额外的能量则都被用来推动列车朝唯一的方向，也就是向前方行进。同样，在你必须做的事情背后，被动式效率系统会推动你前进，而不会让你朝错误的方向浪费精力。

如果你没有找到某种被动引导精力（就像火车轨道之于火车那样）的方法，你就会在决定和分配任务方面花太多精力，而无法将精力集中在实际行动和获得回报上。对各项任务进行微观管理是一项让人精疲力竭却缺乏回报的工作。因此，最好把精力花在完成而不是管理任务上。所以，虽然没有被动式系统也能拥有工作效率，但难度却会翻好几番。

需要明确的是，没有任何系统是100%被动的，因为你最终必须主动决定前进的方向。"被动"一词衡量的更多是你采用的系统让你决定方向并采取行动的容易程度。以火车轨道为例，最佳的被动式系统意味着你能快速驶入轨道，让你的车厢开动起来。

系统越被动，你向前行动所需的能量就越少。

你可能想知道被动式系统在实际操作中是什么样的，我可以给你看我为自己开发的最好的一个。这是我在进行几次实验后得到的最新成果，我认为它是最好用的效率系统。但在我们开始之前，让我先介绍一些流行的（效率较低的）系统。

常用的效率系统包括待办事项清单和日历。这些系统得到广泛应用是有原因的——它们比较容易实施。但它们有以下主要问题。

它们不是被动式的，也无法提供任何指导。待办事项清单和日历一开始是空白的。你必须每天思考你要做什么，然后把任务写下来。这有时很容易，有时却不容易。这里的一个大问题是盲点——你可能会选择最先进入脑海的任务，对吧？这在某种程度上是好事，毕竟迅速行动在93%的情况下比过度思考好。但非紧急的任务，比如去梦想中的地方旅行或整理衣橱，可能会一直隐藏在你的大脑深处。如果你只从记忆和当前最迫切的需求中选择，你可能会忘记这些非常重要的事情（或者从不会优先考虑它们）。

它们很僵化。如果你星期二突然扭伤了脚踝，怎么办？这种突发事件会改变你星期三的计划。预先填写的待办事项清单现在被打乱了，因为你必须根据"扭伤脚踝"的新情况来重建它（当天制定的任务清单可以避免这个问题）。

你可以使用更复杂的系统，比如戴维·艾伦在《搞定 I》中提到的系统。艾伦的系统很好地呈现了它如何将你的生活分割成更易消化的碎片。它出色地将你的整个生活呈现在你面前，而这就解决了日历和待办事项清单的第一个问题。但这是一个极其活跃的系统，需要日常维护。如果你停止维护它，它就会失去效果。

我很不喜欢维护系统。我需要一个被动式系统来引导我，而不是让我为它操心，所以我创建了一个"零维护"系统。它不需要维护，无须更新，不会让我做多余的动作。虽然它比待办事项清单更强大和全面，但创建这种系统甚至比每天列待办事项清单更方便和快捷。

我所说的系统是一个带有白板擦的磁性白板。我这块白板的样子请见图 7，不要在意我难看的字。

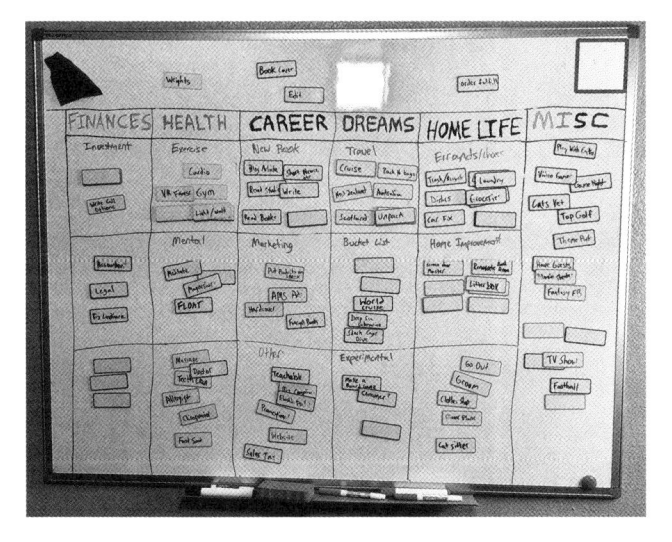

图 7　我的磁性白板

我把我的生活分成了五个不同的部分：财务、健康、事业、梦想和家庭生活，还有一个杂项部分用来记录其他一切。每个主要部分中都有子类别。这样的分类可以帮助我迅速把注意力集中在一项既有的任务上。如果我认为我今天应该专注某个类别，它也可以让我一眼看清这个类别中的所有任务。

一旦我选择了一项任务去做，我只需将它垂直移动到白板的顶部区域，这就是我当天激活的"待办事项列表"。一旦我完成了这项任务，我就会把它移回到这个类别下方。

磁铁生活管理系统（MLMS）

给事物起个名字是很有用的，这样你就可以向别人提起它，甚至深入谈论它了。严谨起见，我给上面这个系统起名叫"磁铁生活管理系统"（The Magnetic Life Management System），缩写为"MLMS"。MLMS 有几个优于其他系统的特点。以下是我最喜欢的 8 点。

1. 我从不需要把常做的任务，比如去健身房、写作、在网上下单购物等再抄一遍。我只需要拿起写有这项任务的磁铁，把它移动到板子上方的"激活区"。如果你每天都要列一张待办事项清单，这就意味着每年要把你常做的任务重写数百次——这样的系统是缺乏效率的。在 MLMS 中，我只需要写一次"洗衣服"。

2. MLMS 虽然对重复任务的效率最高，但对一次性任务也很适用。如果有一个我知道很长一段时间里不会再做的临时任务（比如摆圣诞树），我可以把它直接写在白板上，而不是使用磁铁。完事后，我就可以把它擦掉。

3. MLMS 既适用于长期项目和梦想，也适用于打扫卫生和洗衣服等日常琐事。它们都存在于同一个系统中。但由于它们被分在不同类别里，你永远不必把你的梦想和脏袜子放在一起思考（除非你想这么做）。当你做好去思考你的梦想及其实现方式的准备后，你会发现它们都被你放在了同一个地方。

4. 我有更大号的磁铁，可以写下步骤更多的项目。我可以在其中一块磁铁上写下好几项要做的事，这样我就可以灵活安排我的待办事项清单了。最近的一个例子发生在我去希腊旅行之前。我在准备出国旅行时有很多事情要做，也有很多信息要记住，所以我在我的整体待办事项清单中用一块大号磁铁来书写希腊旅游相关清单。在列表中套一个列表经常会造成混乱，因此很难在大部分类型的软件或效率系统中实现，但在我说的这个方法中，它直观而简单。

5. 在整个流程中，各项任务始终位于其原始类别栏中。电子化的效率系统也可以做到这一点，但如果用笔和纸书写待办事项清单，我们经常会遇到麻烦。由于 MLMS 中的任务是垂直向上移动的，所以它们总会处于原始类别那一栏，即使在活动的待办事项清单中也是如此。这是非常有用的，特别是随着时间的推移，你已经熟知写有"锻炼"的磁铁的位置时——甚至在仔细读磁铁上的内容之前，你只需通过看它的位置，就知道你今天仍然要完成一些锻炼任务。我使用的磁铁还可以根据颜色分类。只要你愿意，可以让它更容易识别。

6. 你如果想改主意，可以轻松擦掉磁铁上的字。为了完成日常锻炼任务，我某天可能原计划在本地的体育馆里打篮球，但我改了主意，决定在家里做重量训练。很简单，我只需要把磁铁上的"体育馆"改成"重量训练"。在激活和取消任务方面，没有其他系统比 MLMS 更快捷和方便了。

7. 随着时间过去，这个系统会"收集"你生活中的全部碎片，并让你意识到它们的存在；它会让你对你的生活和它包含的一切发展出广阔的视野。例如，也许在开始用 MLMS 之后第三天，你意识到你需要添加一个写有"生活用品"的磁铁，那么它就会永远成为你系统中的一部分。随着时间的推移，你会对自己的生活有越来越清晰的认识。

8. 我不必每天一口气思考完全部任务。我可以从容地从大量备选的、有价值的行动中选择我要做的。

MLMS 的缺点

这个系统最明显的缺点是，它不便携。你只能把它挂在你家的墙上。如果你在家工作（就像我一样），或者你的家是你的主要工作场所，这个系统就会很好用。不过，如果你想把 MLMS 带出门，只需用手机给你的白板拍张照片。

这个系统的另一个缺点是设置和成本。为了达到最好的效果，你需要一块相当大的磁性白板。我用的这块有 1.2 米宽，我用膨胀螺栓把它固定在我卧室的墙上。（截至我写这本书的时候，这种白板在亚马逊上的价格约为 60 美元[①]。磁铁每包 40 个，17 美元，我买了两包。）尽管价格不便宜，一个我每天都在使用的系统的初始投资大概 100 美元多一点，还是非常值得的。

在你碰触和移动磁铁时，上面的文字可能会被蹭掉一部分或变淡（但还能读）。不过，如果你足够小心，这种情况不会经常发生。我遇到过这种情况，因为我会把磁铁到处乱放，但我很少需要重写。如果你想避免这个问题，还不想总是小心翼翼地拿起磁铁，你可以使用只能用水擦掉的笔。

至于我对手机里这类应用程序的看法，我是不喜欢它们的。我的手机是让我分心的万恶之源。因此，每次尝试一种做计划的应用程序后，我最终都会放弃它。现实生活中的效率工具能让我们逃离

---

① 1 美元约合 6.8 人民币。——编者注

电子产品的世界，获得喘息之机，减少网络上的信息的干扰。

MLMS 可以一直升级

关于这个系统我最喜欢的一点是，与大多数系统不同，即使你一天、一周甚至几个月没用过它，它也不会催促你善后。对我来说，这是一项基本要求。我的系统必须经得起被忽视的考验，因为我在很多时候的确会忘记它。

手机里记录待办事项的应用程序每天都在用那些未完成的任务纠缠你，给它们贴上"过期"的标签，要求你推迟、重新安排或删除这些任务。即使没有这些恼人的通知，一项任务也很容易在你的待办事项清单上留好几天，而且会带来心理上的烦躁感。这是一种最糟糕的微观管理方式，会让你把时间和精力浪费在琐事上。如果你去度假了，回来以后，你使用的任何效率应用程序都可能会留给你一个烂摊子。

如果我去度假了，有一两天没有做某些任务，或者有几天没顾上这个系统，我就会把所有磁铁移到白板下方来重置系统。不需要重写或重新安排，只需要 10 秒钟的重置，它就会像新的一样。系统在我希望它为我服务的时候会以我理想中的方式为我服务，而不是反过来让我为它服务。

被动式系统减少了思考所需的时间和精力，这会赋予你超乎想象的自由。在你没有创建一个像 MLMS 这样有效的被动式系统来管理日常任务之前，仅仅是选择采取什么行动就会耗费你很多精力。MLMS 也具有无限的灵活性。有时候，我可能只会选择 3 个主要任务。在其他日子里，我可能会挑选 10 个以上我希望或需要完成的任务。

我并不是说你必须采用这个系统，只是想解释它的价值所在。最终，每个人都需要在全面性和简洁性之间实现平衡。我觉得有些人甚至很享受组织和管理更复杂系统所需的"繁忙工作"。这完全没问题，你只要找到一个适合你的系统就好。

如果说我从中学到了什么，那就是比较稳定的工作效率需要某种系统来做支撑。当这个系统足够好时，它会帮助你产生正向的动量。低效率意味着你没有一个完善的系统，或者你的系统无法满足你的需求。这不是懒惰的问题。我虽然天性懒惰，但做事很有效率。另一些人并不懒惰，但仍然效率不高。问题在于采用的系统不同。

也许你和我一样，在这种情况下，你生活中任何需要你进行微观管理的任务都不可能成为成功的契机。也许你和我不一样，更复杂的主动式系统可能正是你需要的，因为它可以让你感到控制力更强、做事更有条理。虽然我认为被动式系统本质上是优越的，因为它们不会对你造成负担，但对你来说，符合你的个性和需求的系统才是唯一正确的系统。

如果你不知道每天该制订怎样的计划，这意味着你还没有找

到正确的系统来管理你的生活。

合适的效率系统不仅仅是管理生活的一种方法。看着我的白板时，我感到很兴奋，因为它适合我懒惰的个性。我的所有选择都摆在面前，因此我不需要通过繁忙或复杂的工作程序就能立刻选出最适合今天做的任务。我只需要移动一块磁铁，这项任务就会被激活。

我在尝试戴维·艾伦在《搞定Ⅰ》中介绍的GTD系统时（实际上我尝试了两次），非常喜欢它的某些方面。但是，每次尝试时，那些为每天保持系统的实时更新状态而必须经历的步骤都会让我望而生畏。我需要提醒你的是，这样的系统也需要很大的前期投入。

GTD系统的日常维护本身就是一项任务。我说的不是几个小时的工作量，而是每天几分钟。但我比大多数人都懒，所以在我看来，就算每天只花10分钟来管理一个用来管理我生活的系统也是不可接受的。如果你喜欢这种覆盖了你能想到的几乎所有生活领域但需要日常维护的全面系统，我建议你了解一下GTD系统。如果你更喜欢简单的东西，就试试MLMS或待办事项清单吧。

在这一章中，我强调了"行动第一"的理论。不要把它和努力混为一谈。你不必为得到更好的结果而付出额外的努力，原因如下。

动量胜过努力

行动才是前进的唯一方式。所以，我们必须付出 110% 的努力，每天都采取大规模行动。对吧？出发。

不。

我想和你分享一个生活中的秘密。这本书都是围绕着这一点而写的。如果你最后只记得这本书里的一句话，那么我希望你记住下面这句话。

动量比努力更重要。

图 8　一则漫画

如果像图 8 那样试着阻止一辆失控的拖车从山上冲下来，特别努力地去做这件事，你只会被撞到，因为动量比努力更重要。

有很多人每周打工 90 个小时却只能拿到最低工资，而百万富翁躺在沙滩椅上就能进行被动式（不需要他花费精力的）投资。富翁生活中的动量已经可以让他们不用通过努力打工就能赚到更多钱了，因为动量比努力更重要。

试着在高尔夫球领域打败泰格·伍兹。试着在篮球比赛中打败勒布朗·詹姆斯。就努力来说，他们随手的一个动作都是你拼了命也赶不上的。职业选手能轻松打赢业余玩家，因为动量比努力更重要。

想想那些试图改掉坏习惯却以失败告终的人呢？动量比努力更重要。

看看生活的各个方面，你都会发现，动量总是能战胜单次的努力。然而，奇怪的是，人们总是赞扬努力，认为努力是个人发展和生活的关键。当然，我们做任何事都应该追求努力最小、成效最大的方法，但人们没有告诉你的是，努力的回报会急剧递减。

努力是有代价的，这代价就是精力。因此，不，我们不需要"110% 的努力"，因为那很快就会让我们的精力变为负数。人们崇尚最大限度、全力以赴的努力，但如果目的是在生活中获得最大的回报，这就是一个吃力却不讨好的策略。原因如下：

我们可以用很少的努力创造动量，但巨大的努力并不一定会创造同等巨大的动量或成功。

让我用我生活中一个令人尴尬的例子来解释这一点。很长一段时间以来，我的自制力都很差，尤其是在睡眠方面。只要不是必须起床，必须去某个地方，我就无法强迫自己早起。是的，我当时非常努力，尝试过各种方法。

不过，有一种做法，也是唯一的做法，对我总是有效，那就是通过某种方法把我的生物钟调整为在我希望起床的时间让我自然醒。我有时可以用褪黑素做到这点，但最有效的方法是熬夜到越来越晚，直到我的昼夜节律自然重置到合适的时间。

当我的睡眠时间表最终完成一个循环后，我就可以早睡了。到了那个时候，我就能在凌晨 4 点起床，去健身房锻炼一两个小时，然后去咖啡馆写作几个小时了。中午之前，我就已经完成了一天的任务。

在我的睡眠时间出现问题的时候，我注意到，努力和结果之间存在非常明显的不匹配现象。当我的生物钟把"闹钟"设置为早上 4 点的时候，对我来说，起床毫不费力，去健身房毫不费力，在咖啡馆写作也毫不费力。这些都成了乐趣。这很奇怪，因为我一直以为想实现这项壮举，我可能需要用羔羊献祭，或者需要 12058 名训练有素的士兵加在一起的努力和自律呢。事实上，如果你仅靠蛮力的话，它确实需要你付出程度如此之大的努力。

当我身处不正常的睡眠模式中，我就算付出极大的努力去早睡和/或早起，我仍然无法解决这个问题。我记得有一天晚上，我决定"早睡"，结果在床上躺了 5 个小时都没睡着。付出更多努力并不是万灵药——在很多时候都是白费力气。

我说这些并不是在暗示努力是没有价值、非必要或者徒劳的。我只是为了重申一个真理：动量比努力更重要。在任何情况下都是如此。

你可以把努力想象成风中的飞盘：有动量的努力比反动量的努力强 50 倍。如果逆向的风足够大，你的飞盘甚至可能往回飞。我就遇到过这种情况。这时什么是最重要的？投掷的力量（努力）还是风向（动量）？当然是风向。

别总想着付出更多努力了。很多人付出的努力已经足够多，已经让他们精疲力竭了。不要寻求付出更大的努力，而要寻求获得更大的动量。（我将在本书后半部分介绍获得动量的具体技巧。）

这种视角（很明显）比责备自己不够努力更能让你感到轻松。可能你已经尽了最大的努力。很有可能你因为太努力，已经把自己累垮了。更糟糕的是，如果你的努力没有产生真正的动量，你得到的结果并不理想，同时你还会感到筋疲力尽（对极端强调努力的人来说，这是一种悲伤但常见的结局）。正如我在前面提到的，当下这种最受欢迎的追求目标的策略会耗尽你的精力，毁灭你的生活。不要责怪自己，你只是用错了策略。

通常情况下，动量的产生几乎完全不需要你付出多大的努力。我知道这听起来完美得令人难以置信，但这是真的。我已经证明了这一点，成千上万读过我的书的人也证明了这一点。

我每天坚持完成写 50 个词的任务，到现在已经写出了 4 本书。50 个词就是一段话，是有史以来最简单的写作任务，而写出一本书是一项非常艰巨的任务。这就是为什么我更依赖动量（每天 50 个词）而不是努力。

不要误解我的意思，我在写书时也是付出了很大努力的。但是，一旦你学会了如何借助"风"的力量去努力，事情就会变得不一样。仅仅依靠努力，你得到的结果通常不会和你投入的精力成正比。把一块巨石搬到山上，和把山顶上摇摇欲坠的巨石推下来，哪一种情况会产生理想的结果？这些道理也适用于我们的生活。

从我开始写作到如今已经 15 年了。在这个过程中，我明确了自己写作的优缺点，学到了写作的技巧，而正是这些认知让我和很多写作者受益匪浅。我可以不看键盘快速打字，这大幅提高了我的写作效率。我在写作方面拥有了强大的长期动量。当我把它和用来激发短期动量的技巧——每天写 50 个词——相结合后，我就有能力写出有用的书了，尽管我天性懒惰。

如果我不讲动量，只靠努力，那么我一本书也写不出来。我在其他人身上也看到了这种情况。我告诉别人我是怎么做到的以后，许多人（大多数人）说，他们希望自己某天也能写出一本书。这让我很开心。

写书是一项有价值的追求，而且会带来很大的回报，但写一本书需要做大量的工作。面对这些工作，我们已经习惯了把注意力集中在困难上，而忽略了我们可以利用动量去改变这种情况的事实。

动量可以改造努力

如果你认为经验丰富的健身达人做力量训练时的感觉和健身新手一样，那你就大错特错了。让我们假设这两个人都要接受一个对他们来说难度相同的身体挑战：举起他们各自能承受的最大重量的80%。

你认为谁会表现得更好？谁会坚持健身更久？谁会有更好的体验？这些问题都很荒谬，对吧？毕竟，他们举起的重量相对他们的力量而言是一样的。但直觉仍然告诉我们，新手会感到更难。为什么？因为身体上的挑战虽然是一样的，心理上的挑战却是不一样的。

当他们感受到相同的身体阻力时……

1. 经验丰富的健身达人会获得一种熟悉的满足感、愉悦感和进步感。
2. 健身新手会对这种陌生的体验感到恼火甚至排斥。

我现在还算新手,一周会去做 3 次力量训练。我虽然还不够强壮,但我在过去几年里已经做过足够多次力量训练,早已改变了对这种训练的感觉。在开始做力量训练的 10 年间,我的感觉应该会经历下面这样的过程:

排斥→恼火→可以忍耐→有了一些满足感→感到这是一项有趣的挑战→一边做一边开心地哼歌

力量训练始终是一项艰苦的运动,但现在这种运动在心理和情感上给我的感觉都大不相同了。

动量的形成脉络

对经验丰富的健身达人来说,他们的肌肉记忆、大脑和日常训练中都存在动量。他们熟悉流程的每个环节,并与每个环节都建立了积极的联系。他们甚至清楚锻炼后的感觉有多棒。

健身新手会震惊于举重物和其他运动中的感觉是多么不同。他们在心理上拒绝继续这种行为,因为它是陌生的,需要他们投入大量的精神和体力资源。作为新手，我记得我的大脑反复告诉我："停下来。把重物放下。这糟透了。这感觉糟透了。去吃花生酱吧。"如今，这种劝说里唯一还有点儿吸引力的只有花生酱了。

和新手相比，经验丰富的力量训练玩家能（而且经常会）举更久杠铃，上更大重量，付出更多努力。这种差异和他们的身体素质关系不大，和他们的大脑关系很大。不过，我们的身体本来也不是主要的限制因素，不然就很危险了——难道我们得等到自己的手断了才会发现训练过度吗？

在大多数情况下，早在训练带来危险之前，大脑就会告诉身体停止运动。就因为这样，新手不仅会遇到生理上的阻力，还会面对心理上的阻力。然而，经常做力量训练的人不仅对这种训练需要的体力付出在心理上感到舒服，甚至会渴望体验这种感觉。

你在衡量自己的努力时，应该始终把它放在动量的背景下去考虑。当然了，如果把道恩·强森[①]（Dwayne Johnson）放进健身房，他肯定比所有人都努力。如果以消耗的体力或燃烧的热量来衡量，他绝对付出了更多的努力。但这种努力不一样，不是吗？数十年的健身经验与知识，加上顶尖健身设备和全面营养的支持，使他的努力充满了正向的动量。因此，他锻炼2个小时比很

[①] 别名"巨石强森"，美国著名动作片演员。——编者注

多人锻炼 20 分钟还容易很多。[2]

问自己会事半功倍还是事倍功半

想象两个人——鲍勃和斯坦——去应聘同一份工作。他们有着同样的资历和经验，在面试中也会付出同样的努力。为了排除其他影响因素，我们假设他们是同卵双胞胎。

鲍勃正处于一种正向动量的状态中，因为他一整天都表现得很自信。斯坦的心情很不好，因为他整天躺在床上生闷气，还感到焦虑。鲍勃自然会在面试中表现得更自信，而面试官当然也会注意到这一点。

在这两个资历相当的候选人中，鲍勃会得到这份工作。面试官不会体谅斯坦，因此更自信的人才能得到工作。如果动量给你的感觉就像运气，那么可以说，拥有正向的短期和长期动量的人会在生活中感到"更幸运"。

在鲍勃和斯坦接到面试结果后，我们会看到他们的动量继续增加。鲍勃因为自信而得到了这份工作，于是现在他又多了一个自信的理由。斯坦因为状态不佳而错过了那份工作，于是现在他的信心受到了进一步打击。两个原本起点相同的人正在以滚雪球的速度朝相反的方向行进。

大多数人会通过谁最终得到了这份工作来反向解释他们的状

态。他们看到两个人的硬性条件相差无几，便会认为鲍勃得到工作机会是因为幸运，而斯坦没有得到工作机会是因为运气不好。然而，是否得到了这份工作并不是这两个人的关键区别。还记得风中的飞盘吗？是他们此前的动量状态最终决定了谁能得到这份工作。他们各自的动量状态将继续决定他们生活中的许多其他事，直到动量发生变化。

下次你的生活中有消极事件发生时，想想这个例子。这件事是否可能是你的精神状态导致的？因为你让负面情绪像滚雪球一样积累起来了？如果你的回答是肯定的，那么你也没有错。每个人都会因为负向的动量而错过机会或遇到困难。这样的事情之所以会发生，是因为我们都不完美。发生消极事件没关系，但我们需要意识到负向动量的影响，然后将其最小化。

努力的人也经常获得不尽如人意的结果。我知道这通常不是他们的错，但有时——很多时候——问题来自动量。这反而是件好事，因为我们是可以迅速改变动量的。即使这些问题都不是你的错，你仍然需要扭转负向动量，以改善你的状态。承担责任并不意味着要为过去的失误受到指责，而更多的是指掌握自己未来的方向。

要将主要关注点放在动量上，甚至可以把它置于努力之上。这样一来，你会看到更好的结果。这意味着多去聪明地激发动量，少去付出方向错误的无谓努力。下面有一些例子：

- 如果你想拥有高产的一天,就从铺床或打扫房间开始做吧,这会让你轻松地获得初始胜利。采用一种有条理、方便、鼓舞人心的效率系统。它会帮你产生正向的动量。一个简单的待办事项清单绝对可以完成这项任务,这就是为什么人人都知道列任务清单的方法。我使用的是前面提到的 MLMS。它会让我充满动量地开始新的一天。

- 如果你想得到一份工作,你应该拿出完善简历的态度去提升你的自我价值感和自信,尤其是在面试那天(短期动量)。一些强有力的身体姿势可以 2 分钟内在生理层面上提升你的自信水平。[3]

- 如果你想改变自己的生活,你可以使用像微习惯这样的系统,用简单而微小的日常习惯来创造短期和长期动量。无论你使用什么系统,你都应该选择可以让动量逐步增加(通过微小的行动获得简单、可累积的胜利)而不是减少(因为设立过大的目标而让人望而生畏)的。

- 如果你想学钢琴,就营造一个让这件事对你而言舒适、有吸引力、容易进行的环境。不要向自己提出弹到手指流血的高要求。接受自己一开始表现糟糕、经验不足的状态,不要苛求自己,让自己不带包袱地前进。

- 如果你想减肥,不要尝试速成的节食手段(甚至是任何节食手段)。这些都需要你付出最大的努力,但大多数时候只会让你获得不满意的结果。相反，要选择一种以循序渐进和不加评判的方式改变你和食物关系，不会让你因为看电视或吃甜点而感到羞耻的策略。想想你可以累积哪些微小的成就感，将它们变成越来越大的成功。

接下来，我们进入实操部分。到目前为止，我们已经讨论了动量是如何形成的以及它在我们生活中的作用。是时候把这些知识付诸行动了。

我对一些自助书籍中许下美好承诺但很容易让人半途而废的老生常谈感到失望，因为它们从未给我的生活带来真正的影响。因此，我会介绍用来在生活中创造和保持正向动量的许多具体的例子和技巧，以及一些用来扭转负向动量的整体和具体的方法。

第二部分

操纵动量

THE MAGIC OF MOMENTUM

第七章

操纵 vs 控制

"操纵"（manipulation）这个词有消极含义，因为它在人际关系中指代的是消极的行为。你不会想花很多时间和操纵欲强的人在一起的。不过，它在人际关系中的含义只是《韦氏词典》给出的第三种定义。[1] 前两个定义是：

1. 用手或机械手段处理或操作，尤指以熟练的方式。
2. 熟练地管理或利用。

可见，"操纵"的本义是积极的。我们就是通过操纵的方式去创造有用的东西，施展我们的技能，并最终影响事情的结果的。因此，你操纵动量的能力对你的成功至关重要。

"控制"（control）指的是拥有100%支配某事的权力。你可以认为"操纵"是对某事某个方面的控制。我们每个人都有这样的体验：我们无法控制生活的每一个方面。这没关系，或者说,必须没关系,因为这就是现实。虽然我们不能控制一切,但我们可以操纵重要的、有影响力的领域,而这将影响我们的生活轨迹。

要操纵,不要控制

我们需要从操纵而非控制的角度去考虑动量。我们可以从更广泛的角度做到操纵动量——以基本可以确保动量呈正向的方式生活。不过,我们很难预测任意一个特定行为会产生多大的动量以及会在什么时候产生。我们只知道,向前运动总会创造出一定的正向动量。

当事情的发展不如你所愿时,或者当你开始一项行动后你的正向动量却不如你想象的那么强大时,请回忆一下这个道理。你要做的不是去创造特定大小的动量,而是尽可能多地创造正向动量。只要你这样做了,你就会获得一定的结果。

那些试图全方位控制生活的人,更有可能在挫折发生后崩溃或陷入向下的螺旋。他们没有准备好应对我们在生活中会不断体验到的不完美。如果你读过很多自助书籍,从中了解了关于思考、行动和生活的所谓"正确"方式,这种影响会进一步恶化。对"完美"地处理事情的过度在意导致了对失败的过度敏感。对失败的过度敏感会打击人的自信，并可能让人陷入无动于衷或自我怀疑的状态，从而埋下失败的隐患。

在我们讨论如何操纵动量之前，让我们先明确这一点：我们不是每一天都会有成就感的。不是每一小步都能产生强大的动量。然而，在大部分时候，微小的行动会创造短期动量，而累积的长期动量将带来更稳定、更可靠的成功。这就是为什么让自己坚持下去才是成功的关键。

生活会给你重击。你不可能把失败都屏蔽。你会如何回应？听听洛奇·巴尔博亚[①]（Rocky Balboa）在2006年的同名电影中对儿子是怎么说的：

"当事情变得艰难时，你会开始找借口推卸责任，比如去责怪某片巨大的阴影。让我告诉你一些你其实已经知道的事。这个世界上有的不全是阳光和彩虹，这是一个非常卑鄙和肮脏的地方。我不管你是不是够强，但如果你屈服，它会把你打得趴在地上，让你永远爬不起来。无论是你、我还是其他人，谁的拳头都没有生活的那么狠。关键不在于你出拳有多狠，而在于你能承受的拳头有多狠，以及挨了揍还能不能往前走。不管你挨的拳头有多狠，你都能继续往前走，这才是真正的胜利！"

操纵动量指的并不是在任何时刻都能顺利行动或避开一切挫

[①] 经典拳击励志片《洛奇》系列的主人公，由西尔维斯特·史泰龙饰演。他是业余拳击手出身，凭借自身努力登上拳坛最高峰。——编者注

折，而是拥有不可阻挡的整体气势。就像洛奇说的：它意味着你可以承受打击；意味着即使你被打昏了，你也会很快恢复神志，东山再起；意味着你不会轻易气馁；意味着你知道如何在任何情况下都能让自己前进。

我可以想象，有的人在读到这本关于动量魔力的书后，会希望自己的每一天都充满力量和成功，但这是不现实的，也不是这本书想传达的内容。事实上，正是在那些低谷时刻，本书才会给你最大的帮助。下次受到失败打击时，你可以想起动量的魔力，自信地去使用它，因为你知道自己会成功脱困的——动量是会帮你摆脱困境的力量。

因为每个人都会遇到不愉快的情况和负向的动量，所以我们先来谈谈这一点。你在已经拥有动量后最容易创造动量，但如果你现在拥有的动量方向错误呢？

THE MAGIC OF MOMENTUM

第八章

逆转负向动量

我过去常喝碳酸饮料，但后来我戒掉了这个习惯。我在这个过程中没觉得多痛苦，也没有重新捡起这个坏习惯。自那以后过了20多年，我就算喝碳酸饮料，每年也只会喝一两瓶。我喜欢碳酸饮料，但它们从来都不是我生活方式的一部分。我之所以会戒掉碳酸饮料，是因为某一次，我读到碳酸饮料中含有高果糖玉米糖浆和苯甲酸钠等有害成分，于是我对它们的看法和理解彻底改变了。我这段经历和杰克·拉兰内（Jack LaLanne）的故事差不多。

杰克·拉兰内活到了96岁。据报道，在他死于肺炎的前一天，他还锻炼了2个小时。享年96岁，死于肺炎！杰克并非一开始就是这样的健身狂人——他年轻时从不锻炼。但是有一天，他参加了一个关于健康生活方式的研讨会。他在会上获得的信息让他豁然开朗。从那一刻起，他成了一名健身狂人，继而成为美国健身事业的奠基者之一。

我对碳酸饮料态度的转变，以及杰克对健身态度的转变，并不是随处可见的现象。许多人早就明白碳酸饮料对身体的可怕影响以及运动对我们的好处，但仍然挣扎着不想养成少喝饮料多运动的习惯。

我们不可能依靠这种豁然开朗的时刻来改变我们长期养成的行为习惯。它们更多是一种幸运的现象：一些人有幸经历，但大多数人都没有这么幸运。我可以在碳酸饮料的问题上做到这一点，但在我生活的其他领域却不行。在这种情况下，我们就需要一种不同的方法了，我接下来将讲到这一点。但在我们讨论这一点之前，我会先介绍一个在短时间内逆转短期动量的方法。

短期动量的逆转

在短期内逆转（负向）动量的方法就像开车一样简单。如果你开错了路，就掉转方向。**在新的方向上创造正向动量**。就是这么简单。

这个解决方案对逆转短期动量来说已经足够了。我将在下一章介绍改变方向的具体技巧。当你转向一个新方向时，你已经解决了短期动量相关的所有问题。因此，本章的其余部分将讨论如何逆转负向的长期动量——会频繁地诱惑我们做出消极的行为，引导我们陷入坏习惯的动量。

长期动量和脑图

戒烟吧，戒酒吧，别再咬指甲了。这种说法听起来就好像我们可以简单地戒掉这些行为一样。但是这可能吗？

从生活中移除一些东西后，你就需要用其他东西来填补那里的空白。

更具体地说，行为造成的空白包括以下几个方面：

- **时间**：当你停止做某件事后，你就必须把做那件事的时间花在做其他事上。
- **情感**：当你把某个满足你情感需求的东西（哪怕它是消极行为或坏习惯）从生活中移除后，你必须找到一种新方式来填补这种需求。与我们想象的不一样，跑步是吸烟的一种不错的替代品，因为它提供了一种"跑步者的快感"，与吸烟时的感觉类似。吸烟者经常通过吸烟来放松，而跑步也可以让你放松。
- **脑图**：如果你想摆脱生活中的一个坏习惯，那么这只是你的一部分大脑会产生的愿望。你大脑的另一部分会认为这个习惯对你的生活很重要，是不可或缺的。如果你不尊重这个现实，你就无法改变。不过，"脑图"这个概念在这里指的是什么？

"脑图"是神经学家喜欢在聚会上谈论的一个概念。它本质上指的是大脑当前对生活的理解。例如，对你的五感、习惯、喜恶等方面，你的大脑中都存在地图。这些认知成了指导你行为的基础。例如，我的脑图会将碳酸饮料与"味道好""不健康""不必要"和"不值得"的认知联系在一起。因此，我很少喝碳酸饮料，毕竟它的消极影响大于它的积极影响。我和另一个人对碳酸饮料的脑图不同，后者可能会把它和以下这些认知联系在一起："有点儿不健康""味道好""让自己开心的好东西"和"日常生活的重要组成部分"。这两种脑图都能识别碳酸饮料的利弊，但它们对这些利弊之间关系的认识和对自己的行为预期有明显的不同。

我们生活中的消极方面（坏习惯）会将脑图与错误的认知联系在一起，给我们错误的指示。试想，每一种行为的脑图都在你的大脑中占据了一块空间。**这些脑图是不会凭空消失的**。解决错误脑图问题的最好方法是重新定义它。也就是说，给这些坏习惯的诱因、渴望和情感需求制订替代策略。我很快会谈到具体的例子。

为了消除一种消极行为，你必须通过关于它的脑图来思考，但要在大脑的那部分空间换上另一种理解。当我说到"大脑某部分空间内对某种行为的理解"时,我指的并不是有意识的理解。谁会一边喝着碳酸饮料,一边有意识地想"这是我日常生活中重要的一部分"呢?我希望没有人这么做,但他们的脑图会这么"说"。

你知道为什么那么多"摆脱××坏习惯"的计划会失败吗?如果你不改变你的脑图,"摆脱××坏习惯"的尝试只会让你的大脑失去它已知并认为必需的东西。

正确替代物的魔力

我有一些坏习惯,程度深浅不一,有些甚至可能到了上瘾的地步。但我注意到,每当我找到一种合适的替代行为,而这种替代行为能带给我与原始习惯回报类似的回报,我就可以逐步改掉这个坏习惯,替代行为的角色也会越来越重要。有趣的是,我注意到,当我转向替代行为后,通常情况下,我对这两种行为的渴望都会消退。这是脑图的工作原理造成的。

在一些领域扭转负向动量这件事带给我的不仅有愉悦,也有不快。我决定在这一章中展示我糟糕的一面,讲述我的挣扎,因为我认为现实世界的例子对你是最有用的。我将讲到酗酒、赌瘾、焦虑和健康/健身。

逆转负向动量案例：酗酒

我是在新冠疫情期间开始酗酒的。为了戒酒，我做的第一件事和其他人做的一样——下了"我要减少酒精摄入"的决心。但我没有成功。

我一直有意识地计划做到"不要每天喝酒，而且一次只喝一两杯"。然而我没做到，而是继续每天喝 3 瓶以上的啤酒。我有意识去做的事并不符合我潜意识里对酒精的认知（脑图）。当你看到图 9 时，不要把这些想法看作有意识的联想，而要将其视为基于一个人之前的行为和经验的潜意识联想。

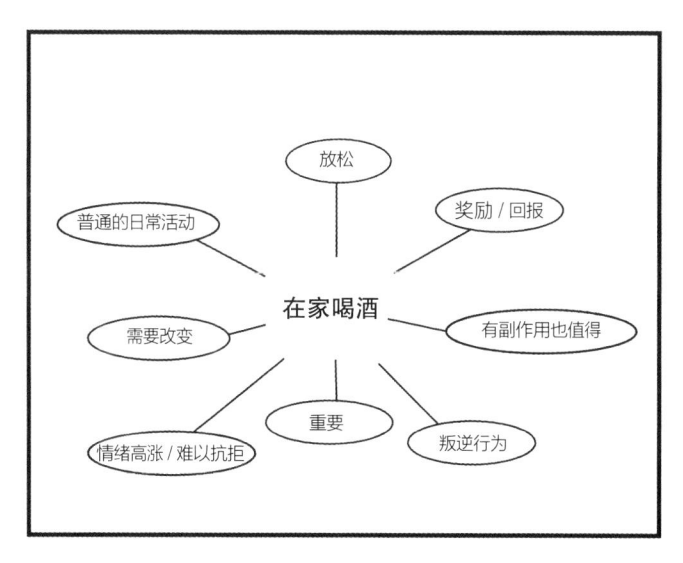

图 9 "在家喝酒"脑图

节点：放松、奖励/回报、有副作用也值得、叛逆行为、重要、情绪高涨/难以抗拒、需要改变、普通的日常活动，中心为"在家喝酒"。

我不小心训练出了一种危险、不健康的"在家喝酒"脑图。这张脑图正好解释了为什么我每天都会想什么时候"开始喝"。我每天必然会喝酒，而且从来都不止一杯，通常是3—6杯。我每周要喝25—35杯，远远高于美国国家酒精滥用和酒精中毒研究所（NIAAA）建议的成年男性每周14杯的上限。

当我不再买真正的啤酒，而用无醇啤酒取代它时，情况发生了变化。我发现，除了获得酒精带来的快感，我喝酒更重要的目的是"犒劳自己"。"喝酒"这个行为本身是首要回报，酒精的效果才是次要回报。

刚启用替代行为的时候，我每晚都会喝1—3瓶无醇啤酒。我喝无醇啤酒时总是会少喝一些，因为它们不会像酒精那样引发追逐快感的反应。替代行为起作用了。如今，我在家里已经完全不喝啤酒，也不喝无醇啤酒了（我会解释为什么我不再需要替代行为）。

改变脑图：为什么我的计划有效

有问题的行为之所以会成为习惯甚至让人上瘾，通常是因为这种经历提供了异常强烈的大脑回报。你一定没有听说谁对黄瓜上瘾，虽然黄瓜很美味，但吃黄瓜给大脑的回报是很小的，没有什么特别之处。然而，当你体验到愉悦感时，你的大脑会将其记录下来。你反复这样做以后，大脑不仅学会了喜欢这种行为，而且会把这整个领域标记为你生活中的重要组成部分。你的大脑会说:"哇,这太神奇了。让我们看看我这儿能不能容纳更多这种东西。"针对瘾或坏习惯,你的目标是去改变你的大脑对你生活中这个领域的看法。

酒精上瘾者需要做的不是"减少酒精摄入",他们需要改变的是喝酒对他们大脑的意义。

有些人只要想减少酒精摄入,就能成功地做到这一点。但是,他们之所以能做到这一点,是因为酒精在他们大脑中的存在感还没有上升到不可忽视的高水平(酒精上瘾者或酗酒者的问题就在这里)。水平如何,取决于他们目前的脑图。还记得我说过我是怎样轻松戒掉碳酸饮料的吗?有些人也可以这样轻松戒酒。而另一些人,像我一样的上瘾者,需要首先改变自己的脑图。

重置愉悦感脑图

酒精能带来愉悦感,因为它能让我们大脑中的奖励回路充满多巴胺(dopamine)。我用来代替啤酒的无醇啤酒的酒精度为0.5%,但尝起来和真正的啤酒一模一样,还能满足我犒劳自己的欲望。它看起来像啤酒,尝起来像啤酒,也同样能给我犒劳自己的感觉。这种体验和喝真正的啤酒之间的唯一区别是,**它给大脑带来的回报的强度较低**。

喝了三个月的"假啤酒"后,我的"在家喝酒"脑图发生了巨大变化(见图10)。

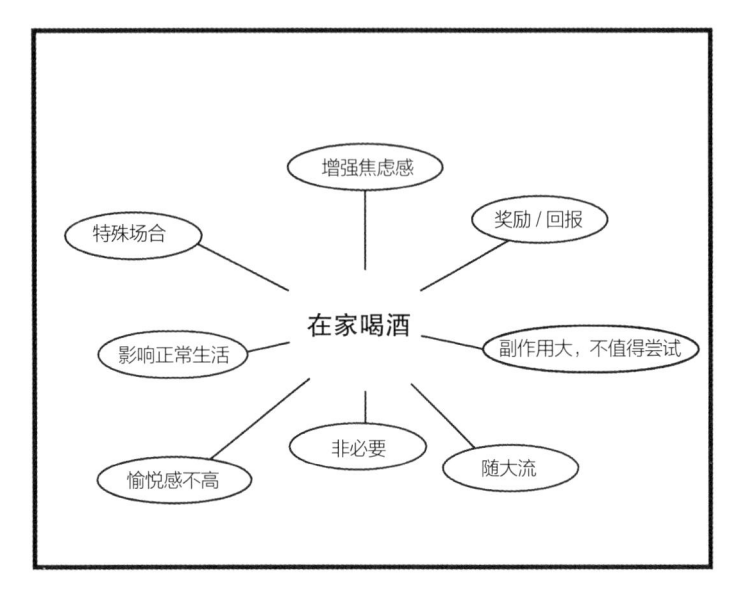

```
                ┌─────────────────────────────────────┐
                │         增强焦虑感                  │
                │                                     │
                │   特殊场合          奖励/回报       │
                │                                     │
                │   影响正常生活   在家喝酒           │
                │                     副作用大,不值得尝试│
                │                                     │
                │      愉悦感不高  非必要  随大流     │
                └─────────────────────────────────────┘
```

图 10 "在家喝酒"新脑图

你可能会注意到,与上一张脑图相比,这张脑图上出现了许多重大变化。事实上,唯一保持不变的区域是"奖励/回报"。然而,我在行为上出现的唯一真正的变化就是从获得让我愉悦的回报(酒精度 6%)变为获得适度回报(酒精度 0.5%)。为了充分理解这件事是如何发生的,请思考一下意识和潜意识之间的关系。还记得我之前说过,潜意识偏好其实就像说客一样吗?这个比喻可以很好地解释这个问题。

当我改喝无醇啤酒时,它无法给我带来超强的愉悦感,我的潜意识一定是解雇了那些一直劝我喝酒的"啤酒说客"。因此,不仅我的潜意识里发生了这种变化，而且我的意识也对酒精产生了明显的清晰认识，并能换一种方式看待它了。我除了意识到我的身体感觉好多了，心情也变好了，在潜意识里也少了一些"喝一杯吧，还记得那种感觉有多好吗"的怂恿念头。因此，我的记忆里关于喝酒的印象只剩下"脱水""错过锻炼""感觉糟糕"和"思维不像平时那么敏锐"了。不再被愉悦感蒙蔽双眼后，我便可以看到所有与其相关的不那么令人愉快的因素。

我不认为自己对诱惑特别有抵抗力，但我可以轻松地抵抗只能带来适度满足感的事物的诱惑。抵抗愉悦感的诱惑要难得多。由于我只在家里实践了这一改变，当时我在外面会继续喝酒。我每周都会在赌场喝醉一次。有趣的是，外出喝酒并没有诱导我在家继续喝酒。然而，更让我意想不到的事情发生了。

在家戒酒 6 个月后，我甚至也不会在外面喝酒了。从神经学上讲，我相信这是我的"在家喝酒"新脑图覆盖了我的"在外喝酒"脑图。这很好理解，因为图中那些与"在家喝酒"相关的印象发生了变化。目前我很少喝酒，只会在特殊场合喝。我其实没有意愿也没有刻意尝试这样做，只是想喝酒的欲望一下子减少了。

我喜欢利用脑图分析问题的一个原因是，它可以让我对行为和大脑有更细致的理解。例如，我对在家喝酒和在外喝酒有着不同的脑图。然后，这些脑图合并成了一张。这个过程对我来说非常特别,可能是独一无二的。这种非凡的灵活性正是大脑的特性。

正如诺曼·道伊奇(Norman Doidge)在他的优秀著作《重塑大脑,重塑人生》(*The Brain That Changes Itself*)中所说:

> 起初,许多科学家不敢在出版物中使用"神经可塑性"这个词,因为他们的同行不认可这样一种空想般的概念。然而,在坚持不懈的努力后,他们慢慢推翻了"大脑是不变的"这一理论。他们证明,儿童的心智思维能力并不是出生后就不会改变的;受损的大脑通常也可以自我重组,所以当一个部分失效后,另一个部分通常可以代替它;如果脑细胞死亡,它们有时是可以得到更替的;许多我们认为固有的神经通路以及神经反射都不是一成不变的。其中一位科学家甚至指出,思考、学习和行动可以"开启"或"关闭"我们的基因,从而塑造我们的大脑结构和行为——这无疑是20世纪最非凡的发现之一。

脑图的重写过程

脑图可以通过如下步骤重写:

1. 初始状态是,一种可以带给我们重大奖励的行为产生了不平衡的脑图,而这种脑图带有强烈的潜在破坏性。
2. 引入一种替代行为。标准是,这种行为与原来的行为有若干相似之处,只是带来的回报和之前的版本相比更适度与温和。
3. 随着时间推移,大脑将该行为重新归类为"带来适度、温和回报的行为",因此欲望恢复为正常水平(或更少)。

这是一种对待坏习惯的全新的方式。我们不仅要通过戒除一种行为来弱化神经通路,而且要积极地将这种脑图重新分类,将其归为一种不愉悦的体验。很多人已经证明,这个方法是有效的。事实上,再加上戒酒药双硫仑,这一进程被向前推进了两步。

服用双硫仑后,酒精会带来恶心感。这种药物已经存在了70多年。当它起作用后,对戒酒者来说,酒精会从一种令人感到愉悦并无法停止摄入的成分,变成令人感到难受并彻底不想摄入的东西。

虽然应该有更多的人了解到这类药物,但这类药物也不是完美的。例如,有些人认为恶心的反应是药物而不是酒精引起的,因此停止了服药。尽管如此,对许多人来说,这类药物还是有效的。

另一种药物纳曲酮的作用介于"假啤酒"和双硫仑之间。纳曲酮会消除你从饮酒中获得的愉悦感。同样,这也是一种帮助大脑重新对行为进行归类的方法。

- 无醇啤酒（酒精度小于 0.5%）：饮酒后产生较小的回报
- 纳曲酮或 0 度啤酒：饮酒后不会产生回报
- 双硫仑：饮酒后会产生恶心/不适感（负向回报）

"逐渐减少酒精摄入"的做法并不能改变脑图。你的潜意识仍然会充分意识到酒精带来的巨大回报，但你只是剥夺了这些回报而已。对那些还没有形成有问题的酒精脑图（或者说酒精带给他们的愉悦感不会像带给酗酒者那样令人兴奋）的人来说，这个方法还行得通。而对那些与酒瘾做斗争的人来说，他们应该在上述选项之中选择一个来改变他们的脑图。

我认为，采取哪种方法更好，取决于问题的严重程度。如果你像我一样发现自己过于喜欢某种东西，但还没有达到病态的程度，像无醇啤酒这样产生较小回报的解决方案可能更好。它会给你类似的体验，但因为回报适中，也就比较容易戒除。

但如果你是一个酒鬼，酒精度 0.5% 的无醇啤酒这种相对温和的回报可能只会让你更渴望真正的啤酒。事实上，我向一个人讲述我的经历时，他就是这么告诉我的。他立刻对我说："我办不到。我是个酒鬼。"在这种情况下，我认为双硫仑或纳曲酮对他更合适（当然，要遵医嘱）。而在戒除其他坏习惯时，道理也是一样的。

令我惊喜的改变

在我戒酒的整段经历中最令我困惑的是，我对无醇啤酒的渴望后来也消失了。现在，我冰箱里的无醇啤酒已经放了好几个月，但我一直没喝。我提过，我以前可是每天都会喝 1 到 3 瓶啤酒的，因为当时我渴望啤酒。

看起来，随着我的"在家饮酒"脑图从愉悦转为适度，我的无醇啤酒变得就像我冰箱里的其他东西一样，对我不再有强烈的吸引力了。我冰箱里的腌黄瓜有时几个月都一口未动。我不渴望吃腌黄瓜。谁会渴望吃腌黄瓜呢？

如果哪天我突然想吃腌黄瓜，我就会吃一根腌黄瓜。如果哪天我有了"犒劳自己 / 喝一杯"的心情，比如在看电影的时候，我就会打开"假啤酒"，喝上一两瓶。

作为一名写出关于习惯的畅销书的作者，我在过去 10 年里最大的恐惧就是担心自己最终会对某种致命的事物成瘾。我觉得我生来容易对某物上瘾，而且比大多数人都容易。

然而，到目前为止，也许是拜疑神疑鬼的性格和对大脑机制不厌其烦的研究所赐，我已经成功阻止自己陷入严重的成瘾问题了。但我不知道，如果我坚持的是"我只需要减少酒精摄入"的策略，我现在会处于什么状况。这种策略根本不起作用。想到还有多少人处于同样的境地甚至已经放弃，不知道其实可以尝试新方法去改掉坏习惯，我就感到难过。

即便我们清楚纳曲酮对我们的效果，或者清楚替代用的"啤酒"实际上是假的、酒精度只有 0.5%，它们仍然可以改变我们围绕着酒精画出的脑图，这不是很有趣的一件事吗？它发生在潜意识之中。

变得更快乐

我在不喝酒的时候反而感到更加快乐了。这很奇怪，因为这个现象与我之前对酒精的理解有很大的冲突。直到戒掉酒的那天，我才明白为什么酒精被称为"抑制剂"。戒酒还帮助我把精力都投入我的健康事业和运动生活中，而这些对我来说非常重要。

我们经常认为改掉坏习惯是一种牺牲，是一件痛苦的事。但我的经验告诉我，并非如此。我的生活在每一个方面都得到了改善，我对坏习惯的渴望也减少了。

我第一次拿到无醇啤酒时，我的冰箱里还剩下一瓶真啤酒。它在那里待了一个多月，因为我（的大脑）认为它旁边有一个更好的选择。我最终在一个特殊的场合喝掉了它。现在，我觉得白水是比"假啤酒"还好的选择。

如果你在精神上接受了这一切，你就会明白为什么用蛮力强行将有问题的行为从你的生活中清除的做法通常是无效的。当你试图清除大脑深处、你在潜意识里喜欢的一些事物时，你会遭遇悲惨的失败，除非你是超人。这可不是一场明智的战斗。

逆转负向动量案例：赌瘾

小时候，为了庆祝爷爷的 80 岁生日，我们全家人去坐邮轮。我在船上四处逛的时候发现了一家赌场。看着这些游戏、灯光和音效，我当时想，这一定是给孩子玩的……对吧？他们把我赶出去好几次，（我猜）可能是因为我还没长胡子，但我每次都会偷偷溜回去。因为对孩子们来说，这似乎是船上最有趣的地方。

当时，如果你赢了，老虎机就会把 25 美分硬币吐到下面的托盘里。我会看着别人玩。如果我发现了别人不要的硬币，我自己甚至也会玩一把。然后，就在这个偶然的时刻，我往老虎机里投了一个 25 美分的硬币，拉下旁边的杆子，赢了 40 美元。我疯狂地把赢来的钱装进一个桶里，跑回我的房间。在上铺床上，我反复数着我赢来的硬币。我感觉自己成了有钱人。

20 年后，我在赌博中输掉了比 40 美元多得多的钱。究竟是最初这次经历还是后来某次经历播下了我对赌博感兴趣的种子，我不确定。我听说，大多数嗜赌的人有一个很不幸的共同点，那就是他们在第一次赌博时就赢了钱。那些真正幸运的人第一次赌博就输了钱，于是，他们会觉得这件事纯属浪费时间和金钱，然后就再也没有赌过了。

赌博耗资巨大，而且令人沮丧，因为从长远看，赢钱的总是赌场——我还可以肯定，即使是从短期看，赢钱的通常也是赌场。即使作为短期娱乐，赌博这个选择也是站不住脚的，因为还有更便宜的娱乐形式存在。

我可以诚实地告诉读者，在过去的几年里，如何应对赌博的诱惑一直是我的一个困扰，或者说是一个无论如何都只会带来消极结果的问题。它并没有毁掉我的生活，因为我还能在我可承受的范围之内量力而行，但我还是希望自己少去赌博。

赌博会使大脑变得麻木，这与毒品和酒精的作用类似。这种体验会让大脑的回报系统产生快感。老虎机就是针对这一点设计的。一段时间后，它会让其他活动相较之下显得无聊，并推动当事人尝试风险更高的赌博行为。

一种昂贵的游戏

在某种程度上，我意识到我对赌博的兴趣主要来自我对游戏和竞争的热爱。我喜欢各种各样的游戏，而赌博本质上就是为了获得钱而去玩（受到操控的）游戏。对像我这样热爱游戏的人来说，金钱形式的赌注、华丽的灯光和音效以及多变的回报提供了非常诱人的游戏体验。

老虎机的工作原理是 RNG（随机数生成）。在你按下旋转按钮后，机器会生成一组随机数字来决定给你多少奖金（如果它判定你赢了钱的话）。灯光、图像和声效不过是花哨的表演，目的是掩盖一种决定你在一把游戏中最终支出多少的简单计算。与此同时，固定的赔率保证了赌场能从玩家那里长期盈利。

后来，我发现我非常喜欢一款数字卡牌游戏。我发现它具有与赌博类似的元素，特别是 RNG 方面，因为它在生成卡牌等环节也遵循随机的机制。而且，就像老虎机一样，它不是进行简单的数学计算并显示数字，而是会给玩家一种全套体验。例如，在游戏中，当你的随从"爆爆机器人"死亡时，它会做出一个投掷炸弹的动作，引发爆炸，并对随机的敌方随从造成 4 点伤害。这些元素让游戏在视觉上显得更有趣，也会对你在游戏中的表现产生重大影响。你的炸弹是会击中一个重要的随从还是在一个无关紧要的随从身上浪费能量？正是这种未知让 RNG 元素变得令人兴奋——这就是回报的多变性给人造成的影响。

回报的多变性

如果你每次在老虎机上押 1 美元，它都会给你 90 美分回报（这是这种机器的平均回报率），那么没有人会玩老虎机。这样不仅很无聊，还会让你亏钱。但当你改变回报的范围，使其跨度为从 0 美分到 50 美分，或者从 1 美元到数百甚至数千美元，突然之间，这个游戏就变得不可抗拒了，每年会为世界各地的赌场带去数十亿美元的收入。

回报的多变性会让你觉得在赌场里赢钱是可能的，从短期看确实如此。但你玩得越久，赢的可能性就越小。如果你玩得特别久，从数学角度讲，你肯定会输钱。

被回报的多变性吸引是人类的天性，而有些人，比如我，比其他人更容易落入陷阱。我可以肯定地说，这是我喜欢玩游戏的主要原因（大多数游戏的设计中都结合了技能、RNG、运气和回报的多变性这些元素）。

当我开始玩那款数字卡牌游戏时，我对它的痴迷程度接近对赌博的，但既然游戏不会让我损失钱，我就不再那么频繁去赌场了。

尽管回报较小，但针对坏习惯找到一个更好的替代行为，在大多数情况下都会让人感觉更好，因为它可以带来与坏习惯类似但程度更轻的好处，而且几乎没有坏习惯的坏处。

不是所有的坏习惯或成瘾行为都可以找到合适的1∶1替代物，因此你可能需要多次试验才能成功。在无醇啤酒成功成为啤酒替代物之前，我尝试过几种苦精。它们和啤酒一样有着独特而复杂的味道。但我没有特别喜欢它们，无法获得犒劳自己的感觉。

因为我通常会在赌场里喝酒（负向的周边动量），所以在家里用数字卡牌游戏替代赌博可以让我少喝酒，并改善我的健康状况和身材。玩了大约一个月后，我就不去赌场喝酒了。

我的其他应对策略：

- 我注销了我的在线赌博账户。我之前谈过环境的影响。有机会在线赌博就好比在家里设了一个赌场。
- 我不允许自己进入本地一家有诱人的老虎机的赌场。我不允许自己进入它们的领地。在"撤销访问权限"后，成功就会容易得多。
- 我现在还会下国际象棋。我发现我下棋也总是输，就像在赌场上一样。完美。
- 我记录下每一次赌博的输赢。在明确的数据中，我看到了庄家的绝对优势。这提醒了我，赌博在我生活中只有一个作用——娱乐。我不再有赢钱的期望，而这对防止上瘾很重要。

通过增加有替代性的游戏，减少赌博的机会，我现在的行为发生了巨大的改变，因为我的"娱乐"脑图已经得到了改变（这并不是因为我是一个意志力很强的人）。几年前有一段时间，我每天都会在网上赌博。现在，我一个月只会玩2—4次，下注的时候也更理智了。我还主要用线上玩的扑克牌替代赌博，因为这个游戏庄家的优势较小，我花出去的钱可以带给我更多的娱乐效果。这是一种重要的动量转变，让我的生活变得更好了。

请注意，我永远不会在这个或其他任何存在潜在问题的领域宣称自己取得了永远的胜利。刚刚开始尝试这个方法的人总是会重蹈覆辙，再次陷入一个坏习惯，而且永远不能保证自己摆脱了它。觉得自己已经摆脱坏习惯的虚假安全感最容易让人重拾这种习惯。另外，我并不想过完美的生活。因为这听起来很有压力，也很无聊。

你可能已经猜到，摆脱坏习惯的真正胜利在于你的脑图如何以及长期动量在何处。在接下来的十年里，你是会更快乐还是更痛苦？事情是否在你的相对控制之下，还是说你正在陷入黑暗？如果你在生活中遇到了问题，你能采取什么方法来改变你目前的脑图？

逆转负向动量案例：焦虑

放松可以带来生活中的愉悦感，对一个人的表现也至关重要。无论你是运动员还是上班族，放松的状态都会让你更专注，而更专注就意味着更好的执行力。有压力、紧张的头脑无法进入最佳状态。不巧，一个无法逃避的事实是，焦虑是一个非常普遍的问题。

我无法应对所有类型的焦虑，毕竟焦虑有许多形式和产生原因。我曾经与一种严重的广泛性焦虑症做过斗争，现在我想分享一个对我有效的整体解决方案。这个方法逆转了我在这个领域内强烈的负向动量。

我无法放松的那段日子（和间接解决方案的力量）

在我的生命中，有一段时间，我不知道如何去放松。我做不到放松。只要我有意识，我就会焦虑。

放松和焦虑在很大程度上是由动量驱动的。一个听起来可能很奇怪、对你也不会有什么帮助的道理是，放松的最好方法是将默认状态设置为放松状态，并延续这种状态。只要没有什么事触发我的焦虑，我会一直处于默认的放松状态，而且这对我来说是很自然的状态。

在已经放松或半放松的状态下，你可以进一步放松。可如果你完全陷在焦虑中，哪怕只想稍微放松一点儿都是一个挑战。它不像大多数事情——你可以做一点儿，然后在成功的基础上一点点前进——至少对我来说不是这样的。最糟糕的时候，我会蜷在床的一角，肉眼可见、毫无缘由地发抖。我总是会感到忐忑不安。

我当时非常努力地想要放松，哪怕只有片刻。但这让事情变得更糟了，因为它把我的注意力吸引到了我内心的焦虑状态上，而这似乎只会让我的焦虑和担忧开始滚雪球。还有什么比努力放松却放松不下来更令人焦虑的呢？我的压力反而倍增了。

我试了所有常用的方法，甚至连呼吸练习都让我对自己呼吸的节奏感到焦虑。那我是怎么摆脱困境的呢？我如今又是如何变得平静的？

意想不到的动量逆转

我厌倦了自己不断努力去放松的挣扎，决定坦然面对这个问题，不再去拼命解决它。我不是等待自己的状态"变得更好"后再开展生活，而是重新开始了我最喜欢的一项运动——打篮球。令我惊讶的是，就在那时，我注意到了自己的一种变化和一条出路。

> 你不能等到生活不再艰难时才决定开始变快乐。
> ——美国歌手
> 简·马切夫斯基
> （Jane Marczewski）

用运动释放能量的策略可以通过两种方式扭转我的焦虑情绪。

1. 运动把我的注意力从焦虑上转移了。当你在打一场竞争激烈的篮球比赛时，你是没有多余时间去关注其他事情的。

2. 运动中会产生内啡肽（endorphin）和血清素（serotonin），让我放松下来。

我继续保持让自己活动起来的状态。虽然需要一段时间才能恢复曾经的放松状态，但至少我能在运动后即刻感受到轻松。在你看到自己的动量由负向转为正向的那一刻，你会激动不已。

这个时候，我还不知道焦虑的解决方案可以是间接的。几个月来，我一直试图"对抗"我的焦虑，但不幸失败，让情况变得更糟了。我曾经以为，直接的抗争是唯一的选择，而我不想放弃自己，听天由命。

焦虑是一个复杂的问题，由各种各样的原因导致。我不会说我采用的是一种万能治疗方法，但根据我的经验，直接对抗焦虑的效果是不好的。不要把注意力集中在你的感觉上，把它当成要解决的问题去解决，而要做一些其他事来改变你的观点、思维模式和身体状态，让焦虑被动地消失在背景中。这与我之前讲到的关于思想、感情和行动的理念是一致的，清除焦虑想法和感受的尝试远远比不上直接采取行动的效果好。

我希望你能看看我当时是如何查找关于如何放松的文章和视频的。那是一个悲伤的场景，但也让我学到了宝贵的一课——不是所有战斗都能靠直接对抗的方式赢得胜利。

《孙子兵法》有言：

> 凡战者，以正合，以奇胜……战势不过奇正，奇正之变，不可胜穷也。奇正相生，如循环之无端，孰能穷之哉！

这一段的意思是：但凡作战，一般都是以"正"兵（直接法）迎敌，而用"奇"兵（间接法）取胜……战争态势虽然不过"奇""正"两种，但它们却是变化无穷的。奇正之间的相互转化就好像顺着圆圈旋转那样，没有终点。谁又能穷尽它呢？

直接法是直接针对问题的方法。间接法的针对性不太明显，但对我们面对的一些问题更有效。我们可以也应该在生活中兼用这两种方法。对于焦虑，我衷心推荐像我打篮球这种间接法。

另外，还有两件事极大地帮助了我的身心从焦虑中恢复：

1. 镁补充剂（柠檬酸镁和镁油）：镁可以在细胞层面上让我们放松。
2. 漂浮舱：这种方法让我受益匪浅，教会我如何恢复放松状态。它的机制是让你在有水的舱内裸体漂浮，同时不让你接收到任何感官输入的信号。漂浮时长大约为一小时。漂浮舱内是完全黑暗的，没有声音，水和你的体温也很接近。在这样的环境中，绝对没有什么能刺激你。你更容易进入冥想、放松的深层状态。

逆转负向动量案例：超重

保持健康和好身材的唯一正确解决方案是习惯，因为你的体重是你的基因和习惯的共同产物。在默认情况下，你保持健康和好身材的行为是"从小"养成的，因为你从生下来就在运动和吃东西。

饮食和运动几乎完全是由习惯驱动的行为。观察任何一个人，你都会发现他们获取食物的方式、常吃的食物种类以及进食方式中存在着可识别的模式。运动也是一样。

我为了保持锻炼的习惯挣扎了10年，直到我尝试每天做一个俯卧撑（一个微习惯）。直到今天，我仍然在借助这种长期动量的势头。如果你发现自己在体重、健康或身材方面处于消极状态，最好的解决方法应该是建立在习惯基础上的。为此，我推荐你阅读我的前作《减肥行为学》。你现在读的这本书内容更宽泛，因此我无法充分覆盖我在《减肥行为学》里介绍的一切，但我会简单谈谈"微升级"这个概念带来的奇迹。

微升级是对你即将做出的饮食选择的微小的改进。你可以尝试每天进行一定数量（我建议3次）的微升级，而不是令人生畏的全面饮食改革。你也可以从一个微升级开始，然后在觉得舒服的时候进阶更多。

这种微升级可以与你当前的生活方式和饮食模式无缝衔接。假设你去了一家常去的餐厅，问问你自己："我怎么才能让这顿饭变得比平时更健康一点儿？"可能是把碳酸饮料换成水，或者把薯条换成沙拉。可能是只吃到八分饱，而不是点一大堆并全部下肚。这些升级不仅有意义，而且通过养成这样做的习惯，你还将学会让自己朝健康的方向"倾斜"，产生正向动量，而这是健康生活的关键。

从脑图的角度来思考一下这个问题。如果你养成了在饮食选择方面进行健康升级的习惯，它将成为你用餐体验的正常组成部分。随着时间的推移，这种情况会加剧，因为我们会对熟悉的口味和选择模式产生亲近感。讨厌蔬菜的人之所以讨厌蔬菜，最可能的解释是，他们从来不吃蔬菜。

对加工食品上瘾的情况就类似我对酒精上瘾的情况。健康食物就像无醇啤酒。它们提供给大脑的回报较小，但你可以让它们尝起来很棒，因为它们可以为你提供你想要和需要的东西（宏量和微量营养素）。它们是会带给你回报的，但带来的愉悦感比加工食品带来的低。

太多的人强迫自己咽下不喜欢的蔬菜，并切断了所有与吃相关的快乐。他们还会用残酷的锻炼惩罚自己的身体。这就像我当初决定在没有替代物的情况下在家戒酒一样。这么做没有起作用，因为我让自己在愉悦感和剥夺感之间做出了非此即彼的选择。我不知道你怎么想,但我更喜欢愉悦感。所以,不要去做这个选择。

在受习惯驱动的领域,比如保持健康和好身材方面,缓慢、微小、稳定的改变总是最有效的。

对负向动量的总结

无论你目前面对的是何种形式的负向动量,总有解决的方法。要找到方法,你需要了解你与问题行为之间产生联系的根本原因。你需要分析你在这个领域内的脑图。然后,你可以提出一个有针对性的计划,用更健康的行为来取代这种有问题的行为,改变你的大脑看待这个领域的方式。这将让你的动量从负向开始转变为正向。

无论你具体选择哪种方法,早晚有一天,通过明智的策略和轻松的微小努力,你会把负向动量逆转为少量正向动量,并逐渐累积成改变你一生的巨大正向动量。接下来,让我们讨论如何做到这一点。

THE MAGIC OF MOMENTUM

> 第九章

即刻创造正向动量

（短期解决方案）

这一章是关于短期动量的。但是，为了介绍短期动量，我需要解释为什么正向的短期动量是把所有事情联系在一起的黏合剂。

正向的长期动量是终极回报，因为它会以被动的方式起效，让你不用耗费额外精力就能体验到滚雪球一般的增益。当你的大脑学会渴望困难但对你有益、能让生活变得更美好的行为时，那就完全是另一番景象了。这就是为什么我之前写了4本关于习惯的书。

奇怪的是，为了获得梦寐以求的长期动量，你必须首先做到持续产生短期动量。任何目标，即使是一个两周后就失败了的目标，只要还没有失败，都是由短期动量驱动的。只是大多数人无法持续进行下去，因此无法得到翻倍的结果。

如果你手上的1美分每天都能翻番，30天内你就会拥有超过500万美元。但如果你在14天后就停止了呢？你只会净赚大约163美元。这就是持之以恒和偶尔努力的区别。

为了得到梦想中的结果，你必须每天坚持。这就需要你的**承诺（投入）**。

逻辑流程是这样的：

1. 长期动量需要持续的短期动量。
2. 短期动量需要持之以恒的承诺（投入）。
3. 承诺需要什么？

承诺的关键

别人让你帮忙的时候，你只有在问清具体是什么事后才会答应。你会问："什么忙？"否则，就会出现下面这种情况。

对方："你能帮我个忙吗？"

你："当然。"（做出承诺）

对方："给我一百万美元和你的胆囊。"

你："呃……对不起。我不能帮你。"（违背承诺）

这是一个愚蠢的例子，但这个道理是成立的。对方要求越高，我们就越不可能给出承诺（即使我们之前已经向自己或别人保证过）。对承诺的要求越少，它才越容易兑现。

你可以不断用微小的承诺去创造短期动量。

当然，这是对我之前写的书，比如《微习惯》的致敬。但在习惯之外，我们还有很多可以产生短期动量的机会。有时候，尽管我们感觉自己做不到，感觉自己没有一个习惯作为基础，感觉没有理想的行动环境，我们仍然需要继续前进。在这些时候，你可以采用以下技巧来帮助你瞄准小目标并保持胜利。

倾斜的力量与失衡点

当你推一块停在山顶上的巨石时，那一刻是平平无奇的。你的推力并不惊人，因此巨石只移动了一点点。如果你要评判当下的行动和结果，你可能会感到失望。然而，在你推石头的瞬间之后的那个瞬间，巨石获得了惊人的动量。

这是一个失衡点。到达这个失衡点后，动量便是势不可当的。对一开始几乎不引人注目的事物来说，这种变化是我们无法想象的疯狂旅程。

"当然，为什么不呢？"

以大豆油为主要成分的蛋黄酱是最不利于保持腰围的食物之一。

英国人平均一生要吃掉 18304 个三明治。[1] 一份蛋黄酱（2 茶匙）含有 90 大卡。在人的一生中，在 18304 份三明治中添加蛋黄酱的人和不加蛋黄酱的人之间差了超过 160 万大卡主要源自大豆油的热量。我总是加芥末酱，不加蛋黄酱。同样 2 茶匙的分量，芥末酱的热量只有 6 大卡。

在我家附近超市的熟食区，我身后的一个男人点了一份三明治。熟食区的工作人员问他要不要蛋黄酱，他回答说："当然，为什么不呢？"

他的措辞确实引起了我的注意，因为当我要三明治时，我会以同样若无其事的方式拒绝蛋黄酱，就像这个人接受它时一样不假思索。我喜欢蛋黄酱的味道，但我不需要它就能享受一份三明治的美味。我知道大豆油的热量很可怕，所以我想："算了，我还是不加了。"在你一生中享用过的美味三明治中，这些轻微的偏好会造成巨大的差异——一生中 160 万大卡的差异，其中大部分来自大豆油。

此外，每次你做出这样的选择，你就为下次继续这样选树立了先例。当这个男人点沙拉时，他会选择更健康的油醋汁，还是更美味的牧场沙拉酱？要我猜的话，我想他会说："为什么不选择牧场沙拉酱呢？"这样的小偏好对人生至关重要。

倾斜的极端重要性

你觉得绕着街区走一圈或者做一个俯卧撑怎么样？二者都不属于高强度锻炼。如果有人这样做，你不会说："哇，她真的在努力锻炼！"这些行为从强度看和坐在沙发上没什么区别，但它们刚好跨过了中线，可以被算进"锻炼"的范围了。

只要你曾经试过坐在栅栏上，你就会清楚，哪怕只是稍微偏向一边也会造成举足轻重的影响。当你坐在栅栏上时，即使是轻微的身体倾斜也会让你达到失衡点，很可能导致你的身体做出实质性的运动，而且是朝你倾斜的那一侧。

- 运动的微习惯可以让你朝"身材健美"倾斜。
- 吸一次烟会让你朝"上瘾"和"过早死亡"倾斜。
- 为你一直想写的小说写下第一个字可以让你朝"完成整部小说"倾斜。
- 打个招呼可以让你朝"持续终生的美满婚姻"倾斜。这种事已经发生过很多次了。

失衡点似乎是个很严肃的概念，但做起来却感觉没有那么沉重，看起来也没有那么重要。它可能就是一句若无其事的"为什么不呢"。这句话只是这个过程的开始，还不足以体现即将到来的动量的巨大能量。

与其制订宏伟的计划，寻求彻底的改变，不如抓住各种机会去向你理想的生活方式倾斜。结果会让你大吃一惊。

随着时间的推移，你会发现，微小的倾斜往往会带来更大、更富有成效的飞跃。这是一种会成功激发短期动量的基本思维模式。在这种思维之下，我们会千方百计寻找让自己向理想状态倾斜的方式。下面，让我们看看更进一步的方法和观点。

心态策略

你思考和采取行动的方式决定了你采取行动的频率和专注程度。本节将给你一些关于心态的建议，能大幅提高你在各种情况下向前迈进的能力。

心态1：做一个坚持不懈的"开始者"

糟糕的"完成者"需要承担的痛苦后果是放弃目标和无法实现梦想，对吗？糟糕的"完成者"的兴趣总是从一个点子转到下一个点子，因此他们从来没有在任何一件事上取得重大成功。但如果我告诉你，他们的问题并不在于他们是糟糕的"完成者"呢？

如果你没明白我的意思，我换一个说法。假如你开始向一个目标努力，但在达到目标之前就放弃了，那么到底哪里出了问题？大多数人会说是因为你放弃了，没有完成行动。当然，事情确实是这样的，但你为什么没有完成行动呢？到底是什么原因导致了你无法完成任务？

我认为，是因为你不再"开始"了。在某一天或某一刻，你选择不再开始做你原本应该不断做的事。这就是你最终没有完成这个任务的原因。你如果放弃了开始，自然就无法完成了。

把精力主要投放在"不断开始做事"上才是更有效的方法，因为开始是一种你可以控制的行动，而且只要开始，你总是能做到完成，只要你尽可能多开始，并坚持到工作完成。虽然一项任务开始的时间点会有所不同，你在任何一个工作环节中获得的"牵引力"也会有所不同，但如果你想成为一个永不放弃并总能完成目标的人，你就要致力于成为最坚持不懈的"开始者"。

我们有时会被完成一个大项目的艰巨程度及其带来的压力吓退。但是，当我们将这个项目分解为现实生活中的行动时，它不过是许许多多个开始做事的决定罢了。不要让完成任务的压力分散你的注意力，让你忽略更简单、更有效的决定，那就是去开始行动。

心态 2：要有趣味性和实验性，不要严肃和紧张

我们总会感受到督促我们以正确方式生活的压力，无论这种压力是来自我们自己，还是父母、配偶、亲戚、宗教信仰、书籍

或权威人士，一个足够自省的人可能会感受到来自上述所有方面的压力。这些压力会带给我们什么呢？

条条框框，计算，衡量，过度分析，行动。

最终的结果可能是行动困难。

我们感受到的压力越大，我们就越会对我们的行动感到焦虑，并会进行过度分析。这是反动量的，因为动量只有在采取行动后才会产生。当你知道某件事能带给你好处时，最好尽快开始行动，不需要等待明确一切细节，或者感觉状态合适以后再开始行动。为了让事情变得更容易，你要尽量减轻自己的压力。

有些事是你现在或今天晚些时候就可以尝试的。还有些事你本来想做更多，但又感到抵触。这些神秘的心理障碍通常来自压力，要求我们用"正确"——完美——的方式去完成目标的压力。

我的建议是，无论你想做什么事，都不要去考虑"正确"的方式、"正确"的时间、需要完成的最低量和其他类似的先决条件。相反，你可以这样想："只要是向前的行动就是好的，哪怕这种行动很混乱，我做起来手感不对，目前也不是做这种事的最好时机。只要我做了，即使我失败了，我也会从中吸取经验和教训。"然后就开始吧。向前走，去拥抱不确定性。

是的，对某些事，比如在没有安全带的情况下走钢索来说，这是一个糟糕的建议。但人生中 99.59224% 的冒险都不是致命的。

这种做法对你在生活中感受到负担的任何领域都特别有效。在努力成为最好的自己的过程中，我们的确可能产生一些糟糕的感觉。

- 羞耻：对自己的职业道德、曾经的选择、身材、借口、受损的名誉或有限的成就。
- 怀疑：对自己的能力、价值、选择、分配时间的方式以及深思熟虑后行动的结果。
- 愤怒和沮丧：对自己前进的距离、行动的过程、遇到的困难、不能控制的结果以及收获与付出不成正比的情况。

天哪，这些都是很沉重的负担。一开始，放下超高的期待会让你感觉做了错事。例如，我的写作（包括这本书）过程中充满了压力。一些压力来自希望每本书都成为我最好的一本书的想法，因为如果做不到这一点，我就会感到自己退步了。这很可怕。一些压力来自我对自己是个不够好的作家的认知。每位作者都知道自己的新书哪里有缺陷，而这会给他们带去很大的压力。即使你花了一辈子时间写一本书，即使它确实是本好书，它也不可能做到方方面面完美。

我了解自己写作方式中的很多缺陷。我无法解决所有问题，而且在尝试解决一些问题时，我可能会制造出更多的问题。不幸的是，我必须带着我熟知的这些问题继续写作。难怪作家会遇到写作瓶颈。而且，什么也写不出来的情况是非常容易发生的。这个问题很重要，因此，完全不考虑这个问题会让人产生愧疚感。哪个作者会不在意自己的文字提供的价值呢？

但是，尽管放下这个心理包袱可能让我们感觉愧疚，但这其实是正确的做法：当我们被某件事分心时，我们就不可能达到最佳状态。

当我放下压力，带着轻松的好奇心、玩耍的态度和兴致去写作时，我不仅不再抗拒工作，而且还能享受工作本身，写出更好的内容了。作为一名作家，你能期望的最好结果就是写出一些你个人会引以为豪的东西。其他的期望都太危险了。俗话说得好，你不可能取悦所有人。

我有时会想起 M. 奈特·沙马兰（M. Night Shyamalan）。他在导演里是像五分钱乐队（Nickelback）那样的存在——也就是说，对他的厌恶已经成为一种时尚。

"应该禁止奈特再拍电影。"

"奈特·沙马兰，请停下来。"

"奈特·沙马兰再次让你大跌眼镜。"

这些是你可以在网上找到的关于奈特·沙马兰的一些评论。人们常说，他在《第六感》（*The Sixth Sense*）之后再也没拍出好电影。然而，奈特·沙马兰仍然在拍电影。他也的确应该这样做。

如果沙马兰听取并专注于所有关于他工作的消极反馈，他可能会停下来。那将是一种遗憾，因为我宁愿看他独特但有缺陷的电影，而不是出到第 39 部的《速度与激情》(Fast and Furious)。

放下取悦所有人的压力以后，你会取悦更多的人，因为你获得了精神自由，可以把工作做到最好。如果让一些人失望能让你过上自己想要的生活，那就坦然接受这样的现状吧。

心态 3：不要高估里程碑的作用

很多里程碑式目标一开始都是随意确立的。是否有人和我一样，觉得这一点很让人恼火？为什么成为百万富翁这么重要？100 万只比 98.5 万多一点点，但我们却把它当作一笔意义完全不同的财富。

为什么我们会因为跑完 26.2 英里①的马拉松而不是 20 英里的距离而欢欣鼓舞？是谁规定 50 岁比 47 岁更有纪念意义的？23 分钟的锻炼到底有什么问题？这个世界崇尚整齐但随意的数字，但它们并不比邻近的其他数字更重要。我的意思是，客观地说，100 万零 1 美元比 100 万美元更好、更重要，但没有人在乎那额外的 1 美元，除非它是让你的存款满 100 万美元的那关键 1 美元。

---

① 1 英里约合 1.6 千米。——编者注

我明白，整齐的数字能给人一个简单、难忘和熟悉的参照点，我也确实不会为了唱反调而把会议安排在下午 2:49。但是，当我们把对整齐数字和里程碑的偏好应用到动态的生活中时，我们可能只会实现 50% 的提升——而我们本可以通过接纳碎片化、不整齐的进步来实现总计 69% 的提升。

与其和世界上大部分人一样在意本质上随意设定的里程碑，不如在意自己能取得的每一点进展的总和。举个例子：我家门口有一个做引体向上用的杆。我每次经过门口，都会随机做几个引体向上。这不算健身，也无法达到什么里程碑。这不过是"小剂量"的日常运动，但比什么都不做要好得多。2022 年的一项小型研究发现，受试者每天就算只做 3 秒力量训练，连续一个月下来，他们的力量也会增加 10%。[2] 3 秒就能带来这样大的进步。

当你把自我进步看得比里程碑和整齐的数字更重要时，你就不会经常在你的人生旅途中陷入困境和沮丧了。有具体目标是好事，但如果这个里程碑让你的这段旅程贬值，让你在达到这个神奇的数字之前取得的进步变少，那么这就不是一件好事了。

用厨房计时器摆脱压迫感

标准的厨房计时器是有史以来最伟大的提升效率的发明之

一。我说的不是你手机上的计时器应用,不是这种数字化的计时器,而是需要用手拧的标准的 60 分钟计时器。此时此刻,我在写这段文字的时候就正在用它,因为它能消除压迫感。

这里的压迫感指的是同时面对太多需要处理的任务时焦头烂额的感觉。这是生活中最大的行动障碍之一。然而,一个非常廉价的厨房计时器就能解决这个问题。

明确开始和结束

通过把计时器拧成 25 分钟(我的习惯),我给了自己一个明确的开始时间(现在)和结束时间(25 分钟后)。大多数情况下,这就是我能保持专注工作的时长,而且我经常超额完成目标,专注地工作更久。但偶尔,我的猫会干扰我。

在写现在这一节的过程中,我养的猫不断地打扰我,分散我的注意力,让我陪它们玩耍。我对陪猫咪玩耍这样的事情没什么抵抗力,因为这是人生最大的乐趣之一。

在如今这个由科技和猫支配的世界里,分心是很常见的现象,但计时器是解决这个问题的好办法。在和猫咪玩耍后,我可以估算一下自己"摸鱼"了多少分钟,然后再拧一下计时器,把这些时间补上。计时器拥有这种可随意调节的方便性,因此是一个很棒的方法。但我还没有阐述它最核心的好处——设立边界。

想想看,通过给一个行动设立时间边界,你可以将它的大小从无限缩小到有限。这可太好了。

在每个瞬间，你也许都有无限多的工作可以做。我需要写多少字才能真正"完成"我今天或这一生的工作？也许是多到看不到尽头的。写作是我在人生中追求的看不到尽头的领域之一。在这种无限的领域做无限的工作时，我会面对无限的压迫感。

把这些无限的任务想象成野兽，使用计时器就好比拿出一根虚拟套索去驯服一只"无限任务野兽"。计时器不仅限定了你某个行为所需的时间，还将该行为与其他行为分隔开，以使你专注于当前的"野兽"。

如果你的压力就像一个关着许多野兽的兽圈，而你需要驯服这些动物，你第一步会怎么做？假设你不会对这些可怜的动物使用化学武器，解决办法只能是一只一只地套住它们。然而，你不可能同时制住三头野山羊和一只疯狂逃窜的野鸡。

厨房计时器具有使用直观、速度快和操作灵活等优点，很好地解决了这一问题。手机上的计时器也是可以的，但它们需要你按特定的顺序点击几个按钮，而且不太容易在工作中途增减时间。虽然这一点看似无关紧要，但像这样的细微差异可能是影响你成败的关键因素。

下面就是利用厨房计时器来克服压力的方法：

选择你的目标。你一次只能做（好）一件事。你现在打算驯服哪只"任务野兽"？其他任务是不会消失的，所以不用担心如何选择出最好的任务（完美主义），选择一个不错的任务就可以了。你永远不会为做了一项有价值的任务而后悔，即使从理论上看它并不是当下的完美选择。

让任务变成有限的。你想在这只"任务野兽"身上投入多少时间？你可以雷厉风行地完成这个任务。感受一下自己对不同时间的内在反应。

- 45 分钟？我会退缩。我觉得太累了，而且我很快还要去开会。
- 30 分钟？有点儿吓人。
- 17.58 分钟吗？我能做到！

很有可能发生的情况是，你会感觉某个时长合你心意，非常合适。这个时长几乎不会让你心生抵触，反而会给你提供有意义的奖励，或让你感觉自己取得了进展。如果你不确定需要投入多少时间，那就把时间设得比你想象中少一些。如果因为设定的时间太长而做不到或根本无法开始，那还不如把时间设少一些，然后一直做到超时。

拧计时器，然后行动。拧好计时器，开始工作吧。在做出这个终极动作后，你的压力应该会减少，因为你面对的不再是无限大的兽圈里的"无限任务野兽"，而仅仅是一只被套住的"野兽"了。它是单一、有限，你可以专心对付的。如果你愿意，你可以切身体验一下这种象征意义，比如把你的任务写在一头真正的奶牛身上，然后在现实生活中把那头奶牛拴住。

计时结束后，根据需要重复这个过程。你可以继续同样的任务，也可以选择一个新的任务。有时候，如果你已经进入专注的状态，之后你甚至不再需要计时器了。

和自己讨价还价

我们已经讨论过如何让你的心态处于方便你开展行动的正确状态，总结如下：

- 做一个坚持不懈的"开始者"，相信只要坚持开始行动，你就能完成任务。
- 你的方法要更有趣味性和实验性，而不要过于严肃和紧张。试试看，给做瑜伽的任务定 9 分钟的时长。
- 用厨房计时器摆脱压迫感。这将使你的注意力更集中，为你设定明确的边界并让你产生期待（而不是让你面对无休止的工作）。

这些都是保持行动至上的生活方式的基本方法。如果你还做不到，是时候使出撒手锏——"贿赂"了。

贿赂的行为在现实中已经存在了几千年，所以我们也能把它用在自己身上。好在贿赂自己是完全合法的。有两种方法可以让你通过和自己讨价还价获得动量，开展行动。

用回报贿赂自己

用回报贿赂自己指利用回报来刺激自己行动。在这种情况下，你既是买家，也是卖家。作为卖家，你是一个提供服务的雇员。浴室需要打扫，但你的工作不是免费的。把你的佣金定为买家（也是你）愿意为此付出的价钱。

> 如果我打扫了浴室，我会给自己如下回报：＿＿＿＿＿＿

就是这么简单，也非常有效。我无法告诉你我有多少次是用去剧院看剧或毫无负罪感地打电脑游戏作为回报来让自己沉下心去工作一段时间的，产出效果也非常好。

太多人把自己当作奴隶，让自己"免费"工作。这种自我关系会让你讨厌你的老板（也就是你自己）。不要这样做。你可以偶尔给自己一些激励来迎接当天的挑战，也要努力让回报与付出相匹配。奖励自己一辆新车来激励自己擦桌子就是不平衡的极端表现，在高温下的车库里工作 10 个小时却只得到一颗糖也是不合适的。要找到让人满意的平衡。

利用自尊讨价还价（无回报）

自尊可以成为刺激人类行动的一件绝妙的工具。让我惊讶的是，小学生经典的"胆小鬼！胆小鬼！"式嘲讽在成年后仍然有效。这种对自尊的挑战会让我们说："什么?！你竟敢问我能不能做到这个?！我当然能！"

当我感到不想做事时，我经常可以通过自嘲来改变自己的心态。

"斯蒂芬，你害怕锻炼吗？你做不好这件事吗？你是打算成为一个软弱的人了吗？"

于是斯蒂芬便起身去健身房了。

我并不总这样对自己说话，但如果你需要摆脱精神上的恐惧，这种策略偶尔会起作用。

利用自尊讨价还价在你引以为豪的领域最有效。例如，我一直认为自己是一名运动健将，在这方面很有竞争力。我为自己擅长运动或身体挑战而自豪，所以任何形式的身体挑战都会激发我去竞争。如果你为自己的创造力感到自豪，你就可以挑战自我，创造一些只有你才能创造的东西。如果你为自己的园艺技能感到自豪，那就挑战自我，让你的花园变得更好吧。

应用这两种讨价还价的策略后，即使动力、意志力和精力水平都很低，你也可以让自己行动起来。另外，当你因为情绪起伏而失去行动力时，你可以考虑使用"七秒火花"策略。

"七秒火花"情绪管理策略

有时候，我们可能会觉得，在我们和我们想要达到的目标之间，我们的情绪状态筑起了一堵无法翻越的墙。不要害怕，因为你其实可以在七秒钟内打破那堵墙。

开始行动是最难的部分，为什么？因为惯性。惯性是物体的一种属性，可以让物体保持其运动状态不变——静止或匀速直线运动——直到这种状态被外力改变。这是动量原理1"你最有可能继续做你刚才在做的事"的另一种表述。开始新的行动需要力量来打破你当前状态的惯性，但一旦你这样打破当前状态，进入新的状态，惯性就会为你所用。

行动是神奇的，因为它会改变你的存在状态。在短短几秒钟内，你就可以从沮丧变得充满活力——开始锻炼身体、创作音乐或投入一个令人兴奋的项目。因此，为了更容易捕捉这种神奇的变化，我们可以使用一种技巧来突破无所作为及其带来的惯性。

这就是"七秒火花"策略。³

"七秒火花"策略可以解除目标行动的复杂流程、沉重负担以及对它的过度分析带给你的心理压力。

在本章的前面,我谈到可以采取更具趣味性和实验性的方法来行动。"七秒火花"策略就属于这种具体而有效的方法。

虽然这种策略的关键词是"火花",但它不仅仅能点燃你的激情,还有很多不同的效果。它可以缓解你的压力,鼓励你、激励你,让你安心,当然也能激发你进一步的行动。有些人可能会嘲笑这种方法太简单,用时也太短,但请你先试着做一做再下结论。

虽然这种策略并不都是用时长衡量的,但为了统一,它们都会包含数字"七"。七秒这个时长从科学角度看没有什么特别之处,但在你需要方法的时候,有一些具体而好记的关键词来帮助你回忆它们是非常重要的。让我们开始吧。

通过行动改善你的感觉

下列具体策略针对的是让你失去行动力的情绪困境,会帮你改善这些情况。你可以看到,这些策略做起来有多么容易。下面的几种"七秒火花"策略可以帮助你进入更好的状态(内心世界)。

做七次缓慢的深呼吸

适用于：愤怒、恐惧、焦虑、面对过多任务不知所措、压力大、受诱惑等情况。

为使呼吸的效果最大化，你可以尝试用冥想的方式来做这项练习。现在就试试，看看之后你的感觉会有多么不同。如果你愿意，闭上眼睛，把所有注意力集中在简单的吸气呼气上，慢慢地做七次。

我喜欢把注意力放在我下颌的肌肉上，体会它如何在每次呼气时放松。这样做会让我感到更放松——意识到自己在放松的事实会让你进一步放松。

呼吸是一件很容易的事。这与现代生活的压力和复杂性形成了美丽的对比。

缓慢并得到控制的深呼吸之所以有效，是因为它能在生理层面上使我们放松。这意味着你不必担心自己的表现如何，放松会自然而然地在生理层面上发生。如果一边冥想一边深呼吸，你还可以放松焦虑的心灵。

小贴士：我第一次尝试深呼吸的时候，我会深吸一口气，然后快速呼气，再深吸一口气。这种呼吸方式的放松效果很有限。不要只是慢慢地吸气，也要慢慢地呼气，甚至在再次吸气前停顿片刻。这样做能让你确保实现生理层面上的放松。如果在吸气、呼气和短暂停顿这三个阶段中的任何一个阶段，你做得太匆忙，放松的效果会大打折扣。

你也可以尝试其他不同的节奏，比如吸气若干秒和呼气若干秒。市面上有一些关于时间控制"最佳方法"的科普图书，但我不想把本应简单又容易的事情复杂化。

如果你太专注于完善你的深呼吸过程，它让你放松的力量就会减弱。以让自己感觉自然、舒适和从容的方式慢慢地深呼吸就足够了。

做七个俯卧撑

如有需要，可以用更简单的跪姿俯卧撑或墙壁俯卧撑代替，也可以用引体向上代替。

适用于：无精打采、愤怒、焦虑、沮丧、压力大、抑郁、面对过多任务不知所措等情况。

俯卧撑虽然是一种不起眼的锻炼方式，却非常有效。这是一种功能性的自重训练。你可以在任何地方做俯卧撑（我甚至推荐你在电梯里做）。俯卧撑能产生多重"火花"，对你产生叠加影响。

- 增强血液流动：和其他运动一样，俯卧撑可以促进全身血液流动。这可以给你一股能量，增强你的创造力（拜大脑中血液流动增加所赐）。创造力是一项被低估的生活技能，因为它不仅能被用于工作。你的创造力可以帮助你解决日常问题，包括应对消极情绪。
- 改善自我认知：如果你此前觉得懒洋洋或情绪低落，做俯卧撑会提供反驳这种自我认知的具体、实时的证据。它讲述了一个关于积极战斗的新故事，会让你感觉更好。
- 促进能量释放：运动能让身体充满活力——我们已经讨论过血液流动的问题了——也能让它释放出有镇静效果的内啡肽，耗尽焦虑的能量。俯卧撑能让我们放松，并给予我们能量，因此这项不起眼的运动是一项总体上看能让我们情绪稳定的锻炼方式。

七秒内打电话给某人

适用于：任何情绪。

如果你有一个能永远陪在你身边的好友或家人，你已经很幸运了。虽然我们拥有处理情绪的所有技巧，但有时，亲友的同理心、智慧和理解对我们的帮助最大。而且，随着科技发展，我们通常是可以在七秒内联系上对方的。

大多数人都乐于帮助他们关心的人。站在好朋友的立场上提供支持的感觉很好，所以，只要你给朋友打电话倾倒负能量的情况不是太频繁，就不要觉得自己对别人是一个负担。自信地给亲朋好友打电话，告诉他们你也会在他们需要的时候陪在他们身边。如果不确定，就直接问他们你是否可以找他们诉诉苦，他们会告诉你的。

七秒内离开房间／脱离某种状态

适用于：愤怒、沮丧、冷漠等情况。

有时候，你只是需要换一个地方。也许你在和人争吵，而且知道你会说一些让自己后悔的话。告诉对方你需要冷静一下，然后离开房间。

还有一些时候，你会觉得自己陷入了瓶颈，也许是缺乏创造的灵感。在这种情况下，脱离当前的环境是非常有用的。离开当前环境的行为是离开当前消极／糟糕／陷入困境的精神状态的有力象征。你可以通过果断的行动迅速改变局面。

摆出有力姿势七秒

适用于：自卑、自我怀疑、恐惧和担忧等情况。

我们是很容易受到影响的生物，甚至我们的肢体语言也会影响我们脑中的化学变化。"有力的姿势"指的是和展示力量相关的身体姿势。想想那些在大赛中获胜的运动员吧，在胜利的时刻，他们通常都会采用举起双手的姿势。胜利会让我们感到自己很强大。当我们产生这种感受时，我们会让身体占据更多空间，作为一种具有支配力的象征。

社会心理学家艾米·卡迪（Amy Cuddy）的一项著名实验发现，有力的姿势可以在化学层面上改变我们。[4] 这是很有趣的，因为我们已经知道，自信、有力量的人（比如一个获胜的运动员）会摆出符合这种状态的强有力的身体姿势。但我们不知道的是，无论你实际感觉如何，只要摆出强有力的姿势，你的身体就会影响你的感觉。这里的作用显然是双向的。"假装自己成功，最后就真成功了"是一种很有效的策略。

仔细想想，这是有道理的，不是吗？人类生活中很少有什么是单向作用的。如前文所述，想法、感受和行动之间存在关系，所有因素都会影响其他因素。卡迪的研究也证明了这一点。

- 感受到成就感的胜利者会高举双臂，在行为上表现出胜利姿态。
- 通过举起手臂的行为模拟胜利者姿态的人会感觉自己更像胜利者。

第九章 即刻创造正向动量（短期解决方案）

- 我们也可以进行合理假设：把自己当成胜利者的人也可能产生胜利者的感受，做出胜利者的行动。

在卡迪的这项研究中，参与者分别摆出强势或弱势的姿势，并保持两分钟。令人难以置信的是，这么短的时间足以改变他们体内的皮质醇（cortisol）和睾酮（testosterone）水平。

强势姿势：

- 睾酮水平提升 20%（自信和攻击性提升）
- 皮质醇水平下降 25%（压力下降）

弱势姿势：

- 睾酮水平下降 10%（自信和攻击性下降）
- 皮质醇水平提升 15%（压力提升）

摆出强势姿势的人变得更自信，而摆出弱势姿势的人变得更不自信，表现出的压力反应也更大了。持续短短两分钟的动作带来了多么惊人的变化。

你可能会想："你说的是七秒，而这个实验是两分钟。"你可以做出显示力量的姿势七秒，看看自己会有怎样的变化，然后你就会明白这个策略为什么叫"七秒火花"了。短短七秒已经足够激励你了。在演出、约会或面试等重要活动之前，这个技巧是非常值得一试的。当然，如果你想维持有力姿势整整两分钟，那就去做吧。但如果你觉得两分钟太长了，先从七秒这个你完全不会抵触的时长开始吧。

喝七大口水

适用于：无精打采和脱水等情况。

如果你认为脱水不是一种情绪，那就试试看脱水以后会怎样。但我强烈建议你不要尝试。脱水是一种可怕又危险的状态。水是保持精力充沛、警觉和专注的好东西。如果你觉得身体不适或精力不足，先去喝水是一个很好的选择。

简单，但有效

上面的"七秒火花"策略中的每一项都是非常容易做到的。你完全不会被任务的难度吓退，也不会感到恐惧和怀疑。而且，尽管这些方法需要你付出的努力不多，但它们可以带来即刻的改变。下次你发现自己陷入困境时，请记住，你有很多"七秒火花"策略可以帮助自己做出调整，改变处境。

以上建议只不过是"七秒火花"策略的一些例子。你也可以去设计自己的"七秒火花"策略，并将它们添加到你自己的"弹药库"中，在你需要创造短期动量的时候想用就用。你会惊讶地发现，短短七秒的投入可以改善你一天的情绪和视野。

记住七秒这个概念比记住具体的策略更重要，它会使前进比我们通常想象中容易得多。

THE MAGIC OF MOMENTUM

> 第十章

保持人生正向动量
（长期解决方案）

你现在已经拥有正向的动量了。那么，你该怎么在生活中永远保持这种状态呢？

生活中没有确凿无疑的事，因为我们无法预测我们将面对的障碍类型及其严重程度。然而，我们可以确定的是在各种情况下帮助我们产生动量的措施。

创造可以产生动量的意图：短期具体，长期灵活

动量持续的时间越长，它就越强大。行为动量有短期和长期之分。如果你做一件事做了足够长的时间，长到足以产生长期动量，与此同时你仍然在产生短期动量，那么你就完全掌握了动量的魔力，变得势不可当了。

持续性至关重要，任何人都能在心情好的时候产生动量。正是那些考验我们的日子、那些让我们心情低落的日子、那些让我

们感到气馁的日子，决定了我们产生动量的持续性。为了让你的动量延续，你必须明确你的意图。

为什么意图能影响承诺

我们行动的意图不会等比例地导致行动，每一个半途而废的目标都可以证实这一点。我们不会将我们想过的所有事都付诸行动，同理，我们也可能做得比我们想得更多。

精准的意图是有价值的，但关键是把它放进具体的环境中。例如，计划在周三下午 2 点购买种子，并在下午 2 点 30 分播种，比计划在"某一天"甚至"明天"开始打理花园更有可能让你获得成功。意图的具体性和精确性是一把双刃剑，就像婚姻一样——承诺会告诉你，你可以期待什么，实现这些期待便可以为你创造一生的幸福。但是，如果它因为任何原因被破坏了，你还不如一开始就不要做出承诺。

当前社会的离婚率很高，特别是考虑到这是一件令人多么不愉快的事情。离婚的一个常见原因是夫妻"渐行渐远"。两个人曾经有很多共同点，但随着年龄增长，他们可能会发生很大的变化，而且是朝着和伴侣不一样的方向。我知道，36 岁的我和 20 岁的我完全不同，但很多人在 20 多岁就结婚了。

一般来说，人们离婚是因为觉得伴侣对自己而言不再合适了。同样，当我们设定目标时，我们的情况也可能会发生变化，会使我们最初的承诺看起来变得不再合适。

生活是不可预测的，人也在变化。这些情况使长期承诺变得困难（无论是对人还是对追求/目标）。

这个问题的解决方案可能看起来很复杂，但实际上很简单，就摆在我们面前。如果具体意图比非具体意图（更容易被忽视）更强大、更可靠，但它们也容易受到未来的不确定性和变化的影响，那么**我们就需要在短期内依靠具体意图，但在长期计划中采用更灵活的策略**。我来举一个餐饮界的例子。

我特别喜欢墨西哥风味连锁快餐奇波特尔，每周都会去那里吃几次。新冠肺炎疫情给这家餐厅的业务带去了挑战——人们不外出就餐了。这不仅降低了门店的销售额，还给他们的扩张计划打上了大大的问号。

作为他们最忠实的顾客之一，我目睹了奇波特尔令人赞叹的应对措施。他们简化了在线点餐和送餐系统，甚至在一些地方为线上订单配备了专门的厨师和厨房工作人员。他们还专门升级了外卖应用程序，这款应用程序是我目前使用过的应用程序中最简单、最好用的。

他们没有按原计划开设线下新餐厅，而是开设了一些只接受在线订单且不设堂食区域的餐厅。这对餐馆自身（减少了占地面积和管理费用）和顾客（加快了服务速度）而言都是有利的。这些举措不仅符合当时保持社交距离的需求，也顺应了餐饮界外卖业务不断增长的长期趋势。

奇波特尔发展和改善业务的长期计划没有改变。他们针对不可预见的情况进行反应和调整的能力，使他们得到了比原定计划更好的结果，特别是在许多没能做出这些调整的竞争对手的对比之下。奇波特尔2020年第三季度的在线订单增长了两倍；自2020年3月的疫情以来，其股价的飙升在很大程度上得益于其策略的灵活性。

这些正是我们在个人生活中应该模仿的做法。我们可以制订雄心勃勃的计划，但我们不能指望它们完全像我们想象中那样展开。我们为今天生活制订的计划应该是基于今天状况的新计划。毕竟，也许在多年后，人类可能会移民到火星。我们应该设定具体的目标，但不是下个月的，而是今天的，或者更理想的，是这一刻的。

你的计划越新，就越有可能实现。

想想上面这句话。如果你当下打算马上做某事，你是根据当前的信息做出决定的。人们不会在结婚10分钟后就离婚。离婚发生在很久以后的时间里，当情况朝他们意料之外的方向发生变化时。

能够持续产生动量的意图有以下三个特质：

1. 它们符合长期目标或理想（战略）。
2. 它们基于当前的信息（战术）。

3. 它们可以执行（能力）。

如果我们忽略其中任何一个因素，我们就会失去动量。以下是三个例子。

没有战略 = 没有方向 + 没有动量

第1天：亚历克斯今天朝池塘走去。为什么？她不知道。

第2天：亚历克斯写诗。为什么？她和你一样，不知道。

第3天：亚历克斯睡到下午一点，然后无缘无故去露营。

亚历克斯完成了什么？她的动量在哪里？很难说，因为没人知道她在做什么，包括她自己。她的生活似乎很有趣，但缺乏明确的方向。我想如果她在此过程中感到很享受，那么有没有方向的确无所谓，但我们大多数人都是有抱负的——我相信如果你在读这本书，你也是有抱负的。记住，动量最优先的因素是方向。你首先必须知道你想去哪里。

没有战术 = 间接自杀

第1天：亚历克斯跑了4英里。

第2天：亚历克斯跑了4英里。

第3天：亚历克斯没有跑步。

第 4—17 天：亚历克斯没有跑步。

第 18 天：亚历克斯跑了 4 英里。

第 19—92 天：亚历克斯没有跑步。

发生了什么？亚历克斯是有方向的！她想跑步，也许是为了健康和健身。她的目标是每天跑 4 英里。但是第 3 天，她的脚踝酸痛。她跑不了 4 英里了。不幸的是，她甚至没有考虑过用低强度的有氧运动或力量训练替代 4 英里跑。由于她对环境的变化没有战术上的应对，在第 3 天和接下来的两个星期里，她没有产生任何动量。

她又试了一次，但动量很快就出于同样的原因消失了——即使遇到很小的障碍，她也没有战术上的应对。按《孙子兵法》的理论，亚历克斯不是一个天生的领袖。

> 故其战胜不复，而应形于无穷……能因敌变化而取胜者，谓之神。（不要重复使你获得一次胜利的策略，而要根据无限变化的情况调整方法……能够根据对手的情况调整策略而取得胜利的人，可以被称为天生的首领。）
>
> ——中国春秋时期军事家 孙子

没有能力 = 注定失败

第 1 天：亚历克斯在她的花园里种下了第一颗种子。

第 5 天：下雨了。亚历克斯

不必按计划给种子浇水，于是她去买了更多种子，还买回一本园艺指南。出色的战术应对。

第6—86天：亚历克斯忘了她的花。

第87天：亚历克斯种的所有花早就枯死了。用她的话说，"太忙了，根本没时间养"。亚历克斯繁忙的日程使得她养花的经历注定以失败告终——她没有时间维护花园。她有明确的战略和出色的战术，但养花对她来说从来都不是一个现实的、可执行的目标。

另一个缺乏能力的例子：

第1天：乔恩把举哑铃列入新健身计划。

第8天：乔恩每个月会允许自己休息一天，从全身的极度酸痛中恢复。今天就是休息日。不错的战术，乔恩。

第39天：乔恩迷上了电视剧《鱿鱼游戏》，他看弹珠游戏那集看哭了。哦，什么，健身？早坚持不下去了。乔恩是在尝试一项他无法坚持的极限运动计划。在这项计划中，他每个月只能休息一天，但这是不够的。由于训练规律和身体方面的原因，他无法坚持这么严苛的训练，于是他做了合乎逻辑的选择——退出。

你要尊重自己能力的上限。如果你希望自己坚持下去，更好的做法是把目标定在你的最大能力以下（好让动量有机会发挥作用）。这样你就可以在犯错时获得缓冲之机，从而有机会获得阶段性成功，继续运用你的战术，设立更高的目标。由于研究表明我们会高估自己的自控力，所以把目标定得比其他自助书籍的建议低一些是更明智的选择。

把目标定得低一些总是明智的。这样一来，你就有机会完成你的目标了，总比因为把目标定得太高而望而生畏、让自己受伤，甚至在达不到目标时灰心丧气要好。我知道，这个理念与99%的自助书籍提倡的背道而驰——这些书籍告诉你要有动力，设立远大的目标。但在现实世界中，坚持不懈的行动比被浪漫化的"远大"概念有效得多。那些概念有利于卖书，然而却帮不到任何人。如果你想在任何领域内有所成就，首先要打好坚持行动的基础。

专业人士会优先保证自己行动起来。门外汉才会一味许愿、期盼和设定远大目标。

可调节的劳逸结合：为什么有时你需要停下来

保持行为动量和保持物理学中的动量不一样。在物理学中，你需要在任何时候都朝正确的方向施加最大的力，才能创造和维持尽可能大的动量。

想在生活中保持行为动量，最佳做法是进入一段可调节的发力期后，再进入一段可调节的休息期。如果你总是用全力逼迫自己,那么你的动量不仅会停止,而且还会逆转。

这看似有些违反直觉,但休息和放松是维持动量和成功的关键部分。最好把自己想象成一辆汽车。汽车能产生巨大的动量,并能长时间保持这种动量,但它能无限期维持动量吗?不,汽车最终都会没油的。汽车必须完全停下来才能加满油,然后继续前进。

停止美化"埋头苦干"

有些人认为人们不需要休息,只需要埋头苦干。

睡眠不足?只管埋头苦干吧!

6年没休假了?继续埋头苦干!

不喜欢现在的生活?埋头苦干就是这样的,亲爱的!

这几乎成了一种信仰。埋头苦干的人放弃了休息、乐趣和睡眠,只因为一些认定了牺牲可以让自己脱颖而出的模糊观念。为牺牲而牺牲毫无意义。我可以把我的胆囊献给一位不存在的神。我能得到什么?我想只是少了一个胆囊吧。

为了金钱或成功而牺牲睡眠和理智,的确比把胆囊献给神要好,但如果以你的健康和幸福为代价,这也不会好到哪里去。我的意思是,金钱的最佳用途之一就是让你获得健康和幸福。所以,很多人会陷入这种常见的生活怪圈:牺牲健康,赚很多钱,然后(试图)用这些钱恢复健康。保持健康比恢复健康要容易得多。

奉行埋头苦干的人会甘愿牺牲，但这些牺牲不仅无用，而且会适得其反。

我想说的并不是鞭策自己努力工作的行为毫无价值。我想说的是，如果你做出了牺牲，你需要明确其原因和自己需要付出的真正代价。虽然睡眠不足和工作狂已经成为时尚，但从短期和长期看，它们会给健康、福祉和工作效率带去巨大的损害。

偶尔，为了赶在最后期限前完成任务或抓住某个难得的机会，我们可能需要熬夜，但如果熬夜成为长期的习惯，几乎可以肯定地说，这是个错误。无论你的情况如何，充足的睡眠都会让你表现得更好。

我们需要根据自己的具体情况调整休息和活动时间的原因是，人的精力水平总在变化。你有过食物中毒的经历吗？即使你没有呕吐，在这种情况下你也在流失精力，因为你吃不下东西。除了这种极端情况，还有成千上万种较小的力量导致我们的能量每天都处于波动之中。你要做的就是尊重这些因素，在你觉得需要休息的时候休息。

休息不是软弱的表现。我们之所以休息，是为了让自己恢复最强的状态。如果你不同意，那么就试试去叫醒一只冬眠的熊，告诉它你对长时间午睡的看法，并嘲笑它太弱了。我的猫基本上相当于小型的熊。猫睡得很多，但当它们清醒和玩耍时，它们的能量水平简直就是小型核武器级别的。

随时间推移的力量：拥有微习惯才能笑到最后

生活就像一场迷人的杂技表演，我们在所有时间段内取得的结果都很重要。我们希望自己的每 1 分钟、每 1 小时、每 1 周、每 3 年乃至一生都是精彩或辉煌的。我们想要以上一切。然而，在确定让产出最大化的策略时，针对未来 5 分钟（短跑冲刺）的和针对下个月（中等距离跑步）的完全不同，而后者和针对未来 15 年（马拉松）的也不同。

你可以在 3 周内取得辉煌的成功，但同一个你也可能在 3 个月内遭遇惨败。我们中的许多人都能通过自己的经验体会到这句话的含义，因为你在新的一年里下的新决心通常都会有这样的结局。但是为什么呢？

你的动量来源只能提供你 3 周的续航时间，让你在 3 周内取得成功的方法是让你在 3 个月后失败的主要原因。

短期成功，长期失败

人们认为，做一件事 3 周就能获得实现长期成功所需的动量。如果这是真的，那些试图在一夜之间改变自己生活的人会变成超级英雄。但行为动量并不是这样运作的。

用 3 周获得的成功是很棒的。这意味着你已经在 21 天内创造了动量，而这些动量在累积后形成了少量的长期动量。这能够也应该增强你的信心，但你必须保持一种"每天都是新开始，都要重新启动"的心态。前 21 天的成功不会也不可能"延续"到第 22 天。如果你相信它可以，你就会失败。相反，如果你像第 1 天那样意识到第 22 天也需要继续创造动量，你就有机会成功。

把目标定得太高也会扼杀你的动量。随着时间推移，你能创造的高水平的推动力也是有上限的。在精疲力竭的情况下，短期的成功就意味着长期的失败。二者是等同的。其中的道理并不是你开始做得很好，却没有坚持下去，而是你的策略几乎没有成功的机会，因为它从长期角度看只会退化。

理想的行为动量应该类似于马拉松选手跑马拉松的方式。人生这场马拉松最好以你能创造并能在所有时间段内——现在、稍后和未来 15 年——维持的速度来完成。一种可持续终生的速度比你在起跑后第 1 英里的表现更重要。

马拉松比赛中最重要的是什么？坚持。

对任何目标或追求来说最重要的是什么？每天都去做。

如果你停止创造动量，你就输了。因此，要明智地选择你的速度，把目标定得比你能力的天花板低一些，从而确保成功。这不是让你降低标准，而是告诉你如何才能获得更多。巨大的成功是通过持续向前运动而非不稳定地进进退退来实现的。

降低门槛以使动量最大化

门槛越高,进入游戏的玩家就越少。在经济学中,这就是垄断的产生原理。如果没有竞争对手,已经实现垄断的企业就可以毫无后顾之忧地停止发展,甚至对没有其他选择的客户进行价格欺诈。

垄断给创新、进步和消费者都带去了糟糕的影响,甚至垄断企业自身也会陷入停滞,而不会被竞争对手推动创新。对个人发展来说也是如此——高门槛会导致个人发展停滞,因为它阻止了人们去努力做出尝试。

下面的 A 和 B 谁会取得更大的进步?

- 开放性和灵活性:A 可以穿着任何衣服在室内或室外(任何天气下)在任何时间以任何形式运动。**门槛低**。
- 封闭性和僵化性:B 的全部运动只是在满月的周三晚上 8 点到 9 点之间穿着性感的虎纹短裤在室内做普拉提。**门槛高**。

A 明显有更多运动的机会。B 的例子是极端的,画面令人难以想象,但它夸张地揭示了这个原理。对 B 来说,想在这么严苛的前提条件下坚持运动是不可能的。

需要明确的是,在满月的夜里穿着虎纹短裤运动绝对会给你带来一生中最好的运动体验,原因显而易见。但这种体验只有一天。如果你更在意持久的成功，那么一开始产生太多能量和速度实际上是错误的。下面是正在现实生活中的某处发生的例子：

- A 打算每天做 1 个（或多个）俯卧撑。也可能做更多。
- B 打算每天做 100 个（或更多）俯卧撑。反正不会比这个数字少。

"100 个俯卧撑挑战"是存在的，而且很流行。我的前作《微习惯》就是关于每天做一个俯卧撑以及其他微习惯的。

A、B 的两种做法都涉及每天做俯卧撑的行为。这两种做法都有可能让人养成运动习惯，所以它们的区别更多是效率和可持续性的问题。对大多数人来说，哪种方法更有可能带来成功？

这取决于你关注的时间框架。我们会在什么时候衡量你是否成功？第 1 天？第 1 个星期？第 1 个月？还是 10 年后？

如果你能做到每天做 100 个俯卧撑，这是一项很棒的日常运动。如果你能坚持这样做 30 年，如果运动是你的目标，那么这显然是一种更好的策略，因为理论上它让你做的运动是 1 个俯卧撑的 100 倍。唯一的问题是，长期看，这种策略失败的可能性很高。

人们通常会把目标设定为每天做 100 个俯卧撑并坚持 30 天，或选择类似的行为强度。在挑战结束时，这个人可能会因为每天强迫自己进行这种持续消耗而感到精神和身体上的双重疲劳。在这样一个严格目标的指导下，我们甚至不可能尝试任何灵活的战术调整与变化。还记得汽车没油的比喻吗？这个目标不允许我们进站休息或加装涡轮增压器。

每天做 1 个或多个俯卧撑可以产生少量的动量，但这种动量是累积的，不会随着时间过去而倒退。这个要求是如此之小，甚至可以被看作休息，但同时仍然可以帮你保持动量和连续的成就感。重要的是，对"100 个俯卧撑挑战"来说，只做 1 个俯卧撑就像地板（起点），而不是天花板（终点）。如果你已经摆好了做俯卧撑的姿势，你很容易利用做第一次俯卧撑产生的动量来做更多俯卧撑。

这两项挑战我都试过了。我在接受"100 个俯卧撑挑战"后只坚持了 3 天。我知道这很糟糕。这就是为什么我需要更好的策略。如果你衡量成功的标准是 3 天，100 个俯卧撑对我来说比 1 个俯卧撑确实强 99 倍。但是第 3 天之后呢？

我现在几乎每天都会进行全面的运动，仅仅是因为 9 年前的那个俯卧撑。这不是在开玩笑。在 2012 年底做了 1 个俯卧撑之前，我并没有坚持锻炼的习惯。9 年后的今天，我和运动有了新的关系，这就是累积动量的策略的力量。直到现在，我还每天都在惊讶我是怎么做到这点的。

- 到第 3 天的时候,"100 个俯卧撑挑战"会比"只做 1 个俯卧撑"好 99 倍(可能不到 99 倍,因为"只做 1 个俯卧撑"通常会以 1 个俯卧撑开始,却不会以 1 个俯卧撑结束)。
- 到第 9 年的时候,"只做 1 个俯卧撑"更好。尝试"100 个俯卧撑挑战"的人不会坚持这么长时间,除非在极其罕见的情况下。"只做 1 个俯卧撑"会让你与锻炼这项活动建立新的关系,拥有更稳固的日常锻炼习惯。

你可能记得我之前说过,我们在前 3 个星期取得成功的方法,正是我们 3 个月后失败的主要原因。有些人会觉得每天做几个可怜的俯卧撑是一件非常"失败"的事,但这正是我在过去 9 年里取得成功的主要原因。

如果你的目标是获得动量——当然,你的目标本来就应该是获得动量——那么你必须克服你每天会面对的形形色色的阻力。

根据我们对人类心理学和神经科学的了解,我们可以预测到,更小、更省力的步伐比更大、更费力的步伐更有优势。随着时间的推移,向前迈出的小步伐会让动量累积,而在开始时看似强劲并具有动量的大幅改变,很快就会被潜意识抵触并急剧减慢,最后几乎总会回到低位(开始的地方)。

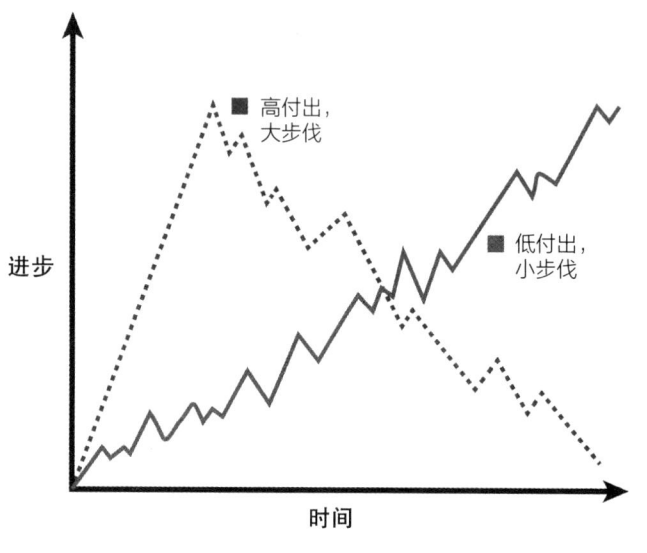

图 11 两种努力的不同成果

图 11 体现了不同书籍提供的成功策略的不同。在不同的时间回顾这两种策略的成果，你会对哪种策略更能让你成功做出截然不同的判断。在行动开始，甚至到了中期，人们都会感到不可思议：明明现在可以通过更大的努力获得更好的结果，为什么还有人会设立如此小的目标？随着时间的推移，故事的结果发生了变化。

快速启动一个过于宏大的目标会让你进入一种不可持续的状态，而且就像那些曾经处于不可持续轨道上的金融资产一样，唯一的走向就是贬值。一个人的人生大约有 2.8 万天，因此更像一场马拉松而不是短跑。什么样的马拉松运动员会在比赛一开始就全力以赴？是那些最终落后或者没有完成比赛的人。

最聪明的马拉松运动员（和做事情的人）会让自己的配速刚好低于在他们看来可以让自己完成整场比赛的配速。在一场长跑比赛中，过于保守总比因为挑战极限而在终点前耗尽精力要好。**如果你在计划时比较保守，你便有额外的能量可以使用，因为你明显负担得起。**

动量和力量：所见并不总即所得

我在前文中提到，一颗被发射出的子弹带有比在风中飘动的花粉更大的动量。如果我告诉你，在大多数情况下，在风中飘动的花粉带有比被发射出的子弹更大的动量呢？

当然，花粉最初的动量比发射出的子弹要小，但它的动量不会止步于此。一颗子弹在几秒钟内可以飞行1000多米，但随后就会完全停止。与此同时，花粉会继续飘浮。人们发现，一些转基因植物的花粉能飘到20千米外的草丛中。[1]如果你觉得这很惊人，那么还有更惊人的：松花粉可以飘到600米的高空中，最远可以传播将近2900千米！[2]

射出的子弹落在地面上静止不动时，花粉仍然活跃在空中。

因此，除了开始几秒钟的时间，花粉实际上都带有比子弹更大的动量。花粉的轻量特性使它能够从风的力量中受益，摆脱重力，子弹则会迅速下落。

动量随时间的变化似乎不符合人类的直觉。无论是一个俯卧撑可以打败100个俯卧撑的现象，还是"花粉的动量比被射出的子弹大"这句话在子弹被射出几秒钟以后的时间里都正确的事实，看起来都很反直觉。和子弹的力量及其短期动量对比，飘浮的花粉在最初的时刻处于下风，然而，花粉保持运动的时间要长得多，有时会移动相当于子弹射程10倍的距离。因此，我希望你永远不要只注意到一个行动最初的影响。

我们不应该急于根据行动的规模或一开始的成效来判断它的力量和意义。

> 弱之胜强，柔之胜刚，天下莫不知，莫能行。（都知道以弱胜强、以柔克刚的道理，但是没有谁能做到。）
> ——中国春秋时期思想家 老子

柔能克刚。

慢能制快。

弱能胜强。

亲爱的老子，我们已经在朝这个目标努力了。

我们已经探讨过，为了保持动量，你必须在生活中穿插各种时长的休息和行动，优先考虑向前迈出小步，而不是大的（不可持续的）飞跃。仅仅是你有能力做更大的举动，并不意味着这样做就更好。相反，这样做甚至可能更糟。我有过很多次这样的经历：在运动中用力过度，最后因为身体过于酸痛或受了伤而在接下来的几天里根本无法运动。如果我适可而止，我本可以在接下来的时间里做更多运动。

动量的魔力在于它是会滚雪球式累积的。这对我们的生活来说非常令人兴奋，因为它意味着我们比我们想象中更接近我们的目标和梦想。如果你是通过渐进的步骤来看待一个目标的，它看起来也许相当遥远，非常难以达到。但如果你能看到正向动量的旋涡会如何带动你，这个目标看起来就会更近、更易实现、更具诱惑力。

总结　击败阻力的不二法门

尽你所能记住这一点，因为它很有效。我把它放在最后，作为本书的圆满句号。

动量来自行动。

无论我们在何处采取行动，我们都会朝一个特定的方向产生运动——这将被转化为该领域及其周边的即时短期动量。长期动量是我们都渴望的力量，但持续创造短期动量是实现这一目标的唯一途径。所以，归根结底就是：我们需要知道如何采取行动。

当我们有意愿采取行动并有精力去行动的时候，我们很容易行动起来。而我们一旦采取行动，便会改善自己的生活。这就是所谓的"有动力"。这种状态很好，但动力不是时时刻刻都有的，它并不可靠。我们需要找到一个立足点，在这里，动力变得无关紧要。我们需要知道如何变得势不可当。

想体验动量的魔力，你必须知道如何战胜阻力。这是能阻止一个人采取行动的唯一因素。阻力会以多种形式出现——借口、精力不足、忙碌、情绪不佳、拖延、自我怀疑、完美主义等。就算你能从书上得到世界上最好、最激励人心、最聪明的建议，你仍然会在现实中面临阻力。有时候你虽然知道怎么做才对，但很难采取行动。这就是人类会遇到的正常情况！但仔细阅读下面的内容，你就不会再被阻力绊住脚了。

面对行动的阻力时，你有两种应对方式。

1. 用顽强的意志力克服阻力。
2. 考虑换一种行动。

大多数人都会尝试第一种方法。它是有效的，但也有实实在在的缺点，主要是会带来疲劳，导致失败。强迫自己去做一种内心抵触的行动需要很多能量。你实际上是在和自己战斗，而这会让人筋疲力尽。一些研究表明，强迫性的行为的消极影响会延迟出现，在一段时间后依然会导致意志力下降。现在感到的抵触，以后会让你屈服于诱惑（或不作为）。还有研究发现，意志力是建立在信念基础上的。也就是说，那些相信自己拥有意志力的人才会拥有意志力。我个人认为这两种因素都有影响。

那些相信自己有能力克服阻力的人，肯定会比那些不相信的人取得更大的成功。这就是信念的作用。但我们的身体会对能量产生依赖，并对压力敏感。这意味着我们在做决定时会消耗货真价实的精力。你可以在精神上挑战你的极限，就像你可以在身体上挑战你的极限一样，但是，在身体上挑战极限可能会导致身体损伤，在精神上挑战极限则可能会导致崩溃。

用第一种方法，你可能会成功一段时间，直到精力耗尽，皮质醇水平升高，导致你在身体和 / 或精神上无法继续采取行动。事实上，我们已经知晓这种情况的存在，因为我们给它起了一个名字——倦怠，或称"过度劳累"。

强大的人有时把自己逼得太紧，导致精神和 / 或身体出现问题，让自己变得虚弱。聪明的人不会让这种事发生。你越聪明，就能越好地运用你的力量。

这个过程的狡猾之处在于，直到你崩溃的前一刻，你都会让自己和 / 或他人感到你是无敌的。在没有那么极端的情况下，我们也经常看到人们无法一直坚持朝目标前进，大多数人在精疲力竭之前就半途而废了。这是明智之举。

如果你遭遇了真正的倦怠，你不仅无法取得你渴望的进步，还可能不得不休息更长时间。我们都会为用力过度付出代价。

但是等等，还有第二种方法，我们都应该考虑一下。当我说"换一种行动"时，我指的并不是从跑马拉松转为吃玉米片。这种新行动与你最初的愿景不一致，所以，虽然它的阻力更小，但它也不会对你有帮助。相反，你的另一种行动应该是相同类型的，只是做起来更简单，不会让你望而生畏。

为什么人们拒绝简单的行动（和永久解决方案）

简单的行动消耗的能量很低，需要你投入的程度也不会吓退你。那么，为什么会有人抗拒如此轻松的胜利呢？人们之所以拒绝困难的行动，是因为感受到了工作量的压迫性；人们之所以拒绝做一些更简单的事情，是出于三个哲学上的原因。

1. 这样做看上去像在承认失败。你原本的目标是巨大的奖励/成功/马拉松，现在目标却降低了。
2. 这种行动似乎并不重要，不值得去做。
3. 我们希望感觉自己很强大，因此退而求其次会让我们感觉自己很软弱。

我们想赢。我们希望取得重大进展。我们想变得强大，并感受到自己的强大。好，这在心理学上是可以理解的，但让我们来看看这些观点是否经得起推敲。与因为努力和付出的原因对行动产生抗拒不同，这种哲学层面上的抗拒，仅靠改变观点就可以克服。

改变你对微小的行动的看法是值得一试的，因为这些行动会给你的生活增添大量创造正向动量的机会——这是克服行动阻力的关键。这就是利用动量的魔力去改变你生活的方法。

简化等于认输？事实上恰恰相反

乍一看，"采取更简单行动等于认输"的说法合乎逻辑，但仔细一看，它就站不住脚了。为了解释其中的道理，让我问你一个问题。认输是什么意思？挥舞白旗意味着接下来会发生什么？

一般来说，人们承认失败，意味着他们不会再前进，也不会再进攻。例如，在国际象棋中，认输意味着你没路可走了，你的对手赢了。在任何形式的战斗中，认输的一方或一方军队都会在不具有威胁性的位置上保持不动。认输后，就不会再有任何形式的进步了。

我们之前举了跑步的例子，那么一个失败的跑步者是什么样的？很简单，一个失败的跑步者根本不会继续跑了。这就是我们的答案。然而，就算跑得不快，一个人还是在跑步，依然在做正向运动。一个依然在战斗的勇士，谁会说他已经被打败了？

少做一些并不是认输。事实上，它可以成为有效攻击的一部分。 一个拳击手希望他的对手嘲笑他的直拳，因为他准备好了毁灭性的勾拳。

在我最喜欢的电影《角斗士》（*Gladiator*）中，在与主角马克西蒙斯在斗兽场中进行殊死搏斗之前，反派康莫迪乌斯偷偷地用刀刺伤了马克西蒙斯的背部。然后，他吩咐手下掩盖好这个伤口。这个卑鄙的举动注定导致马克西蒙斯最终失去战斗力，很快死去，而民众也不会知道康莫迪乌斯在本该公平的战斗中作弊了。

这一幕让我哭了。我的确为主角注定的死亡结局感到悲伤，但我的眼泪大部分来自他在这一刻之后所做的事情。马克西蒙斯始终没有认输。这太让人难过了。但此刻我不只为马克西蒙斯感到难过，我同时也为他感到骄傲，他展现了勇气、决心和人类不屈不挠的战斗精神。

马克西蒙斯因失血过多而变得虚弱，战斗力受到影响。他几乎无法动弹，产生了幻觉，而且疼痛难忍。他就要死了。他踉跄着，拼尽全力战斗。这就是"永不认输"的意义。

我想问你一个问题，希望你认真地思考一下。为什么我们尊敬和赞美像马克西蒙斯这样在受伤时仍尽最大努力去战斗的英雄人物，与此同时却又为自己做了同样的事而自责呢？为什么我们认为马克西蒙斯的行为是勇敢的，而我们自己的行为是可悲的呢？这不仅不公平，也会阻止我们获得伟大的成就。它在妨碍我们成为自己故事中的英雄和胜利者。

每个人的生活中都有痛苦，每个人都会受伤，没有人是无敌的。但这并不妨碍我们获得荣耀、荣誉，甚至是胜利的机会。每一天，你都有机会展示你的优点。

当我们虚弱、疲惫或精力不足时，我们可以有技巧地战斗。我们可能永远无法做到开足马力前进，我们今天可能无法完成希望完成的所有任务，但我们为前进所做的微不足道的努力与认输是截然不同的。微不足道的努力并不可耻、可悲或无价值，它是有意义、鼓舞人心的，就像马克西蒙斯最后的战斗一样。

所以，之后你再觉得某种微不足道的努力形同认输时，就想想英雄马克西蒙斯吧。想象他受了致命伤，蹒跚前进，因失血过多而产生幻觉的样子；想象他几乎走不动路，但还是（伴随着电影的史诗级配乐）摇摇晃晃地走向战场的样子。这才是英雄的样子。马克西蒙斯的战斗力不及他希望中的十分之一，但他还是继续战斗着。

做得比你最初的计划少，或者比你心中理想的目标少，并不意味着你放弃了。它的意思恰恰相反——你是一名战士，你会为你能取得的一点一滴的进步而奋斗。

微小行动不够重要？比什么都重要

关于这个问题，你在读过这本书后心中应该有答案了。不过，这种错误想法如此常见，值得我们再三审视。向自己保证，你不再只考虑行动的即时结果了。想想它散开的无限涟漪吧。想想前进哪怕一小步的意义，它比什么都不做强在哪里。试着计算一下，始终决定前进而不是后退的行为模式，在你的一生中会累积下怎样巨量的成就。这个结果是无法计算的，但我们知道它必然是很可观的。

同样，我承认我不可能想象到超高速恒星的大小和速度，我也无法理解一次积极行动带来的连锁反应和动量的总量。马克西蒙斯在《角斗士》中引用古罗马皇帝、思想家马可·奥勒留（Marcus Aurelius）的话说："今生所为永远都有回响。"

退而求其次意味着软弱？不总是这样

我今天本来想跑 8 千米、马拉松全程或者我们想达到的其他任意里程碑，但后来我退而求其次，只做到绕着街区跑一圈。这算软弱吗？

在战争中，撤退有时是失败的表现，但并不总是如此。军队可以退到高地或其他更容易防御的地理位置。他们可能会通过撤退把敌军引入埋伏。他们甚至会通过撤退假装软弱，给敌军一种优越感和舒适感，但他们很快就会发动攻击。撤退的行为远比简单的"你赢了，现在我要逃跑"这种解读更具策略性、更强大、更有用。

如果你会下国际象棋，你会知道有时需要撤退，有时需要进攻。如果你的对手用一个兵掩护另一个兵，将其移到即将攻击你的后的位置，你必须把后移到安全的地方。这样做并不是软弱：保护好你最有价值的东西，把它移到更有利的地方是聪明的做法。

在生活中，我们会遇到许多难以维持原定计划的时刻。现在是时候退一步，寻找替代方案了。然而，我们的撤退并不像战争电影中意志薄弱的士兵那样，而是像保护后的国际象棋大师那样——他最终会赢得比赛。还要知道，一个棋艺高超的国际象棋玩家可能会让后撤退，但这样做是为了反击对手或为其他棋子之后发动攻击做准备。

既然我们已经谈到了这些在哲学层面上造成阻力的因素，那就再考虑一下遇到感到抵触的行动时给自己减量的方法。特别是要把这个想法与其他要么导致无所作为，要么强迫自己完成艰巨任务（这种做法有时有效，但令人疲惫且无法持续）的选项做比较。

1. 小型攻击仍然属于主动攻击。不是退让，而是进步。
2. 小型攻击可以累积，累积攻击后可发出暴击。我想说的是，动量（很容易由小型攻击产生）是呈指数式而不是线性增长的。这才是真正的力量之源。
3. 虽然和先前更大的目标相比，退而求其次可能属于撤退，但请记住，以这种方式撤退是一种战术行动，目的是强化你当前的状态。把不可逃避的损失变成一个携带动量的小胜利当然属于强化。

每当你知道一件事可以改善你（现在和将来）的生活，却不想去做的时候，想想我们在上文中谈到的这一点。不要陷入孤注一掷的陷阱。不要相信那些说"要么做大，要么回家"的人，不要因为受伤而认输，不要因为自己不在最佳状态就不去行动。现在就咬紧牙关向前，即使在你想往前跑的时候只能做到向前爬。把这些话记在心里以后，你基本上可以变得势不可当。阻力是不可能和一个狡猾、灵活的战术家对抗的。

当你充满动量的时候

从零星动量到充分、持续的动量的变化是具有启示性的。动量是一种免费的资源——我们只需要使用适当的工具来得到它并获得它的全部力量。

几乎每个人都想改变自己的生活，使之变得更好。如果他们转变一下，试着去改变自己的一天呢？你可以用一个小动作改变你一天的生活质量，靠的就是这个动作产生的动量。我们都经历过这种导致我们的一天变得更好或更坏的过程，不是吗？也许一次深度冥想就曾让你度过美好的一天。也许一场争吵或糟糕的选择又毁了你的一天。这就是动量的效果。每一天，它都决定着你幕后的人生轨迹。

你不可能一口气度过几周、几个月或几年。生活是一天天过的。因此，那些掌握了度过一天的方法的人也掌握了度过一生的方法。

每一天中的每一刻都是创造动量——生命中最强大力量——的好时机。如果你觉得自己停滞不前,重新阅读最后几章,找到具体的策略,让自己行动起来。或者,如果你忘记了自己可以创造正向动量,拥有这种不可思议的力量,你可以重读整本书。

非常感谢你阅读《惯性带你飞》。继续前进吧!祝你好运。

斯蒂芬其他著作

《微习惯》

这是我的第一本书。正是这本书掀起了一股"微习惯"风潮,在过去十年里席卷了励志图书市场。这本书被翻译成21种语言,成为全球畅销书,深受人们喜爱。我还把它做成了视频课程,有超过2万名学员观看。

《减肥行为学》

已经得到证实的是,节食的行为反而会使你体重增加,甚至比不节食的后果更严重。相反,尝试一下这种由微习惯驱动的瘦身方法，你的改变将可以持续。

《如何成为不完美主义者》

本书的主旨是用微习惯策略来解决完美主义的问题。如果你正在与抑郁、恐惧和无所作为做斗争，这本书会给你很多帮助。

《弹性习惯》

这本书体现了微习惯策略的一个转折。我们要做的不只是每天设立一个微小的目标，还可以依靠弹性的习惯策略，每天选择小目标（简单）、中等目标（略好）和大目标（优秀）。你在有些日子里的感觉比在其他日子里的更好，因此弹性习惯可以让你适应每一天的独特质感。

注释

序

1 美国有 100 名参议员。迄今，37% 的美国总统都是从这一群体中选出的。这个概率虽然不高，但明显高于其他任何群体。

引言

1 游泳比赛结束后，组织者在一次机要会议上讨论了发生的事情。因为我们当时没有违反任何游泳比赛规则，他们判定我们的成绩有效。然而，由于显而易见的原因，他们不允许我们在今后的比赛中利用同样的方法。

2 The Oxford English Dictionary | Oxford Languages (2022). Retrieved 6

March 2022, from https://languages.oup.com/research/oxford-english-dictionary/

3 Permutt, S. (2011). The Efficacy of Momentum-Stopping Timeouts on Short-Term Performance in the National Basketball Association. Retrieved 6 March 2022, from https://scholarship.tricolib.brynmawr.edu/bitstream/handle/10066/6918/2011PermuttS_thesis.pdf

第一章

1 1903 – The First Flight – Wright Brothers National Memorial (2015). Retrieved 6 March 2022, from https://www.nps.gov/wrbr/learn/historyculture/thefirstflight.htm

2 Napiwotzki, R., & Heber, U. (2005). Star on the Run. Retrieved 6 March 2022, from https://www.eso.org/public/news/eso0536/

3 风神翼龙据信重达 200 多千克，翼展 12 米，但人们对这也没什么概念。

第二章

1 这个概念也可以被称为"惯性"，定义是"一种保持原有运动状态或静止不动的性质"（《牛津英语词典》）。如果你什么都不做，你很可能会继续什么都不做。如果你正在做一件事，你很可能会继续做这件事。

2 这听起来可能很熟悉。在我的前作《微习惯》（2013）中，我率先尝试用牛顿运动定律来比喻个人发展。

第三章

1 基底神经节的工作很简单，因为它们只需要重复会产生回报（愉悦、成功、满足等感受）的模式。前额皮质的工作更为艰巨。它既关注短期也关注长期影响，必须权衡所有时间范围内采取的行为所带来的风险和回报。当你想好好刷一次厕所时，你的大脑会大喊着拒绝——这是你的潜意识在即刻做出反应。根据以往的经验，你知道打扫厕所是一件不会带来任何乐趣的事。但你的前额皮质提出了打扫厕所这个想法，是因为它看到了两种潜在的未来：

（1）干净的厕所在闪闪发光；
（2）微生物在脏厕所里开舞会。

前额皮质可以理解的是，打扫厕所虽然现在不会带来乐趣，但之后会带来很多乐趣。它还可以决定不喝更多的饮料，或者有计划地度过一天，而不是漫无目的地乱晃。如果这些听起来不是容易的工作，好吧，当然不是。这就是为什么能量密集的前额皮质不是我们大脑的全部。毕竟，大脑的设计理念是既要强力，又要节能。

2 在美国，有 21%～29% 的患者因慢性疼痛从医生处获得了阿片类药物。在使用阿片类药物治疗慢性疼痛的人中，有8%～12%会出现阿片类药物成瘾现象。据估计，滥用阿片类处方药的人中有4%～6%会过渡到吸食海洛因。大约80%海洛因成瘾者都是从滥用阿片类处方药开始的。出现阿片类药物成瘾的可能性取决于许多因素，包括一个人根据处方服用阿片类药物治疗急性疼痛的时间长短，以及继续服用阿片类药物的时间长短（无论是按处方服用还是滥用）。

Source: National Institute on Drug Abuse. 2021.Drug Opioid Overdose Crisis | National Institute on Drug Abuse. [online] Available at: <https://nida.nih.gov/drug-topics/opioids/opioid-overdose-crisis>

3 我并不是在抨击人们的坏习惯或会带来罪恶感的享乐。我就有这种嗜好，而且我乐在其中。但人们不会去阅读关于如何增强对巧克力喜爱的书籍，因为喜欢巧克力很容易。与其将坏习惯与"健康"行为放在对立面上，我们不如强调真正的目标——掌控。我们需要的是设计自己的生活方式，而不是在冲动和选择的混乱海洋中随波逐流。

4 第一次成功的跳伞实际上是由安德烈 – 雅克·加纳林（André-Jacques Garnerin）于1797年在巴黎上空975米高的氢气球上完成的。想象一下你是第一个尝试这么做的人。

Source: How Was Skydiving Invented? (2018). Retrieved 6 March 2022, from https://www.skydivecoastalcarolinas.com/blog/how-was-skydiving-invented/

5 Is Skydiving Worth It? | Skydiving NYC | Skydive Long Island (2016). Retrieved 6 March 2022, from https://www.skydivelongisland.com/about/articles/is-skydiving-worth-it/

第四章

1 养成一个习惯需要多长时间是一个非常复杂的问题。这个习惯有多大？你每天重复多少次这个习惯？你有多喜欢这个习惯？我们真的无法确定养成一个习惯需要多长时间，但我们知道这就像锻炼肌肉一样。你不可能在努力锻炼肌肉 27 天后突然就有了一身肌肉。一开始你的肌肉很弱，然后你通过锻炼让它们变得越来越强壮。这是一系列逐渐发生的进步，而不是一个终点。习惯也是一样，是一系列不同强度的行为偏好。我们有强大的习惯和薄弱的习惯。

2 为了更好地理解为什么行为在 30 天之后仍然很弱，你依然没有什么动力，考虑一下你已经在几年或几十年里建立的大多数其他习惯。习惯会相互竞争，吸引你的注意力和精力。30 天后，你希望取代的习惯也许仍然比新习惯强大。但请记住，这并不可怕，除非你的习惯养成策略没能持续超过 30 天，让我们看一个例子。

早上醒来后，你做的第一件事是什么？如果你像我一样，你会翻来覆去一直刷手机很久。（我知道，我公开承认自己有这个坏习惯之后，这整本书看起来都不具有说服力了。）这一习惯与你在其他时间更强大、更普遍的刷手机习惯有关。

对许多人来说，刷手机是一种有很多"行为依据"的习惯，是多年来他们每天重复几十次后养成的习惯，你认为每天早上做瑜伽并坚持 30 天后的行为成果能和它相比吗？

3 Ballard, C. (2014). Kobe Bryant on growing old, players he respects and finding his inner Zen. Retrieved 6 March 2022, from https://www.si.com/

nba/2014/08/26/kobe-bryant-lakers-dwight-howard-tony-allen-retirement

4 Lally, P., van Jaarsveld, C. H. M., Potts, H. W. W., & Wardle, J. How are habits formed: Modelling habit formation in the real world. Eur. J. Soc. Psychol. (2010), vol. 40, 998–1009. doi: 10.1002/ejsp.674

5 我没有用 9 年的时间就已经有所收获。只过了大约 1 年，我就建立了一个良好的锻炼习惯。9 年后，我的健身计划和目标更高级，也更容易实现了。

6 source: "in a rut" (n.d.) McGraw-Hill Dictionary of American Idioms and Phrasal Verbs (2002). Retrieved March 31 2022, from https://idioms.thefreedictionary.com/in+a+rut

第五章

1 作为一个既赌博又投资的人，我对这两者都非常熟悉。从长远看，赌博肯定会输钱，但人们仍然会为了短期赢钱而赌博。胜利带来的即时影响感觉很棒。投资如果选择得当，从长远看收益是有保证的，但投资的即时影响几乎不存在。你不可能立刻看到你持有的股票每天上涨百分之几，但随着时间的推移，你的收获可以叠加并创造财富。在这两种情况下，我们都应该考虑长期而不是短期结果。

2 Attia, P. (2012). Do calories matter? The Eating Academy. Retrieved 30 August 2016, from http://eatingacademy.com/nutrition/do-calories-matter

3 Strapagiel, L., 2017. This Guy Helped Save A Life By Paying It Forward

At The Tim Hortons Drive Thru. [online] BuzzFeed. Available at: <https://www.buzzfeed.com/laurenstrapagiel/this-guy-saved-a-life-by-paying-it-forward-at-the-tim>

4　Spada, F. (2016). Fearless [Image]. Retrieved from https://flickr.com/photos/lfphotos/31580887472/in/photolist-Q7GizS-ZEcJBm

5　人们对邮轮和佛罗里达的刻板印象是"老年人热衷的东西"。我住在佛罗里达，我参加过十多次邮轮旅行。我 36 岁了，但我 16 岁的侄女觉得我老了。有一天，她说我们来自"非常不同的时代"。那句话让我老了 15 岁。

第六章

1　Bennett, G., Foley, P., Levine, E., Whiteley, J., Askew, S., & Steinberg, D., et al. (2013). Behavioral treatment for weight gain prevention among Black women in primary care practice. JAMA Internal Medicine, 173(19), 1770. http://dx.doi.org/10.1001/jamainternmed.2013.9263

2　正如我在《减肥行为学》中所说，节食的人在选择食物和运动方面比其他人付出了更多努力。但研究表明，他们的结果甚至比不节食的人更差。节食会让你筋疲力尽，而且没有（长期的）效果。这是努力、动量和结果不平衡的典型例子。

对热量的严格限制在生理层面（通过诱导饥饿反应）和心理层面（这是一个艰难的短期目标）都是反动量的。节食的人付出了超人般的努力。人们热爱美食，然而节食让人饿得半死。说实话，我不知道他们是怎么做到的。但动量比努力更重要，所以很不幸，努力节食没有什么用。

3　Cuddy, A. (2012). Your body language may shape who you are [Video]. Retrieved from https://www.ted.com/talks/amy_cuddy_your_body_language_may_shape_who_you_are?language=en

第七章

1　Retrieved 6 March 2022, from https://www.merriam-webster.com/dictionary/manipulation

第九章

1　Lubin, R. (2017). New study reveals how much you'll spend on sandwiches over your lifetime. Retrieved 6 March 2022, from https://www.mirror.co.uk/news/uk-news/sandwich-again-new-poll-says-10116627

2　Sato, S., Yoshida, R., Murakoshi, F., Sasaki, Y., Yahata, K., Nosaka, K., & Nakamura, M. (2022). Effect of daily 3-second maximum voluntary isometric, concentric, or eccentric contraction on elbow flexor strength. Scandinavian Journal of Medicine & Science in Sports. doi: 10.1111/

sms.14138

3 需要明确的是，这个技巧不同于梅尔·罗宾斯（Mel Robbins）的"五秒法则"。五秒法则的内容是：你从5开始倒数，然后开始一个动作。不过，那也是一个很好的技巧，可以尝试，也可以与"七秒火花"结合起来。"七秒火花"策略是关于你的初始承诺的。

4 Cuddy, A. (2012). Your body language may shape who you are [Video]. Retrieved from https://www.ted.com/talks/amy_cuddy_your_body_language_may_shape_who_you_are?language=en

第十章

1 Monroe, D. (2004). GM Pollen Spreads Much Farther Than Previously Thought. Retrieved 6 March 2022, from https://www.scientificamerican.com/article/gm-pollen-spreads-much-fa/

2 Gone with the wind: Far-flung pine pollen still potent miles from the tree. (2010). Retrieved 6 March 2022, from https://www.eurekalert.org/news-releases/755801